DK 625.62.036

FORSCHUNGSBERICHTE
DES LANDES NORDRHEIN-WESTFALEN

Herausgegeben durch das Kultusministerium

Nr. 902

Prof. Dr.-Ing. Dr. h.c. Max Fink
Dr.-Ing. Hans Guntermann

Institut für Schienenfahrzeuge der Technischen Hochschule Aachen

Klärung der Verhältnisse beim Bremsvorgang unter besonderer Berücksichtigung der Rattererscheinungen an vierachsigen Großraum-Straßenbahn-Triebwagen

Als Manuskript gedruckt

WESTDEUTSCHER VERLAG / KÖLN UND OPLADEN

1960

ISBN 978-3-663-03694-4   ISBN 978-3-663-04883-1 (eBook)
DOI 10.1007/978-3-663-04883-1

Gliederung

1. Einleitung .... S. 5
   1.1 Aufgabenstellung .... S. 5
   1.2 Beschreibung des Antriebes .... S. 5
   1.3 Das Meßverfahren .... S. 6
       1.31 die dynamische Messung .... S. 7
       1.32 Allgemeines über die Schaltvorrichtung zwischen
            Dehnungsmeßstreifen und Meßgerät .... S. 9
2. Die Versuchseinrichtung .... S. 12
   2.1 Meßeinrichtungen an den Radsätzen .... S. 12
       2.11 Der Geber für die elektronische Meßeinrichtung ... S. 14
       2.12 Herstellung und Anordnung der Schleifringübertrager S. 16
   2.2 Meßanordnung zur Ermittlung der Beanspruchungen des
       Motor-Getriebeblocks .... S. 18
   2.3 Die Geschwindigkeitsermittlung .... S. 20
3. Die elastische Getriebekupplung .... S. 21
   3.1 Das Verhalten der Gummikupplung bei verschiedenen Bean-
       spruchungen .... S. 21
       3.11 Die Druckbeanspruchung .... S. 21
       3.12 Die Schubbeanspruchung .... S. 23
       3.13 Die dynamische Beanspruchung .... S. 23
   3.2 Berechnung der Gummikupplungen .... S. 24
   3.3 Ermittlung der Kennlinien für die verschiedenen Gummi-
       qualitäten und Eichung der Meßvorrichtung .... S. 26
4. Versuchsdurchführung .... S. 30
5. Versuchsauswertung .... S. 62
6. Betrachtung der Verhältnisse beim Bremsvorgang .... S. 63
7. Bestimmung der Eigenschwingungszahl für das Schwingungssystem Radsatz-Gummikupplungen .... S. 66
8. Theorie und Berechnung der Biegeschwingungen des elektrisch
   gelagerten Motor-Getriebeblocks .... S. 67
   8.1 Allgemeines .... S. 67
   8.2 Die Differentialgleichung für Biegeschwingungen elasti-
       scher Balken .... S. 67
       8.21 Lösung der Differentialgleichung .... S. 69
   8.3 Die Eigenschwingungen .... S. 71
       8.31 Allgemeine Frequenzgleichung .... S. 71
       8.32 Eigenfrequenzen des aufliegenden Balkens .... S. 72
       8.33 Eigenfrequenzen des quergefederten Balkens .... S. 72
       8.34 Eigenfrequenzen des drehgefederten Balkens .... S. 74
       8.35 Lösung der Frequenzgleichungen .... S. 75
       8.36 Eigenfrequenzen des quer- und drehgefederten Balkens S. 76
   8.4 Ermittlung der Schwingungsformen .... S. 76
   8.5 Berechnung der Eigenschwingungszahlen des elastisch ge-
       lagerten Motor-Getriebeblocks .... S. 78
       8.51 Ermittlung der Eigenschwingungszahl des aufliegenden
            Balkens .... S. 80

      8.52 Berechnung der für die weitere Rechnung benötigten Werte . . . . S. 85

      8.53 Berücksichtigung der speziellen Auflagerbedingungen . . . . S. 86

9. Experimentelle Bestimmung der Eigenfrequenzen und der Schwingungsformen des Motor-Getriebeblocks . . . . S. 89

10. Zusammenfassung und Schlußbetrachtung . . . . S. 96

Literaturverzeichnis . . . . S. 100

1. Einleitung

1.1 Aufgabenstellung

Der Betrieb bei der Straßenbahn unterscheidet sich von dem der anderen Schienenbahnen vor allem dadurch, daß sich die Wagen in einem dauernden Wechsel von Beschleunigung und Verzögerung befinden, durch die kurzen Haltestellen-Abstände und die wachsende Behinderung im Straßenverkehr bedingt. Aus diesem Grunde muß das Hauptaugenmerk bei den Straßenbahntriebwagen auf das Beschleunigungs- und Bremsvermögen gerichtet sein. Auf die Verbesserung dieser Eigenschaften ist bei den Neuentwicklungen besonderer Wert gelegt worden. Neben den damit verbundenen Fragen der Leistung und der Leistungsübertragung, ist die im Berührungspunkt von Rad und Schiene verfügbare Reibungszugkraft von großer Wichtigkeit, da die Verhältnisse beim Anfahren und Bremsen von ihr abhängig sind. Die Zugkraft überstreicht mit ihrem betriebsmäßig größten Regelbereich zwei Gebiete, wobei die kleineren Geschwindigkeiten von der Reibung und die größeren von der Antriebsseite her beherrscht werden. Die Leistungseigenschaften können auf ortsfesten Prüfständen studiert werden. Der Streckenversuch ist notwendig, um das Verhalten der Haftreibung zu untersuchen, mit deren Kenntnis der Motor bewußt so entworfen wird, daß die Haftwertleistung zumindest für die Anfahrt in Anspruch genommen werden kann.

In dieser Arbeit sollen jedoch nicht die Reibungsverhältnisse zwischen Rad und Schiene im allgemeinen untersucht werden, sondern sie soll dazu beitragen, die Verhältnisse beim Bremsvorgang unter besonderer Berücksichtigung der bei Schienenfahrzeugen unter dem Namen "Rattern" bekannten Erscheinung zu klären.

Als Versuchsfahrzeug wurde ein mit zwei Drehgestellen ausgerüsteter Großraum-Straßenbahntriebwagen mit DÜWAG-Achsantrieb benutzt, der von der Rheinischen-Bahngesellschaft AG. zu Versuchszwecken zur Verfügung gestellt wurde.

1.2 Beschreibung des Antriebes

Es handelt sich um einen Antrieb mit Hohlwellentatzlagergetriebe und Gummischeibenkupplung. Hierbei werden die beiden Achsen eines Straßenbahndrehgestells von einem Elektromotor angetrieben. Die an beiden Seiten des Elektromotors angeflanschten Getriebe bilden mit dem Motor einen Block. Die Ritzelwellen der Getriebe sind mit der Ankerwelle des Motors durch Zahnkupplungen verbunden. In den Getriebegehäusen sind rechtwinklig zu den Ritzelwellen Hohlwellen gelagert, auf denen die Tellerräder der Getriebe befestigt sind. Die Achsmitten der Kegelräderpaare sind versetzt. Die Zähnezahl des Kegelräderpaares beträgt in der Regel 41 : 7. Die Achsen der Radsätze führen durch die im Getriebe gelagerten Hohlwellen hindurch und sind durch Gummikupplungen mit den Enden der Hohlwellen kraftschlüssig verbunden. Die Gummikupplungen werden mit einer axialen Vorspannung eingebaut und sind daher in allen Richtungen spielfrei. Die Achsen der Radsätze, die in den Hohlwellen das nötige Bewegungsspiel besitzen, können sich auch schräg zu den Hohlwellen einstellen und sich den Unebenheiten des Gleises anpassen. Der gesamte Motor-Getriebeblock stützt sich somit über die Gummikupplungen elastisch auf die Radsätze ab. Ebenfalls werden die Stützkräfte, die sich aus den Antriebs- und Bremsmomenten ergeben, über die Gummikupplungen auf die Radsätze übertragen.

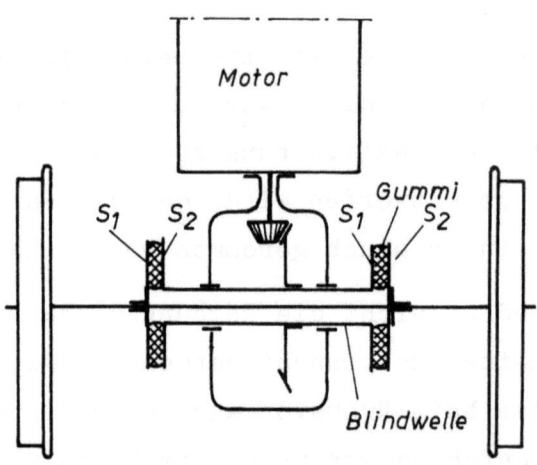

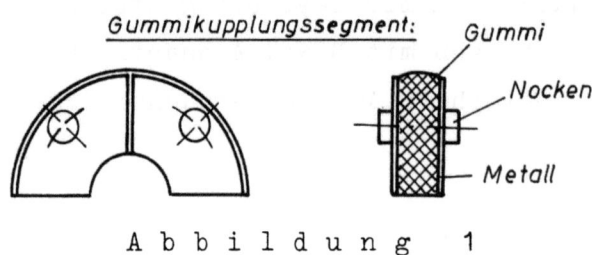

A b b i l d u n g   1

Schematische Darstellung des Antriebes

1.3 Das Meßverfahren

Da die Versuche über die Verhältnisse am fahrenden und insbesondere am gebremsten Fahrzeug Aufschluß geben sollten, waren die Messungen vornehmlich dynamischer Natur. Im Dehnungsmeßstreifen stand somit ein sehr gutes Hilfsmittel für die Messung zur Verfügung. Im folgenden werden die Art und Wirkungsweise dieses Meßverfahrens kurz im Prinzip beschrieben.

Die Dehnungsmeßstreifen bestehen aus einem in Papier oder Kunststoff im Zickzack eingebetteten Widerstandsdraht. Als Draht wurde Konstantan (Cu und Ni) gewählt, da der Temperaturkoeffizient von Konstantan sehr niedrig und der spezifische Widerstand hoch genug ist für die Herstellung eines Streifens von kleinen Abmessungen mit einem noch voll ausreichenden Ohmschen Widerstand. Ein anderes Material, welches in Amerika unter dem Namen "Iso-Elastic" (Fe und Ni) bekannt ist, findet ebenfalls Verwendung. Doch ist der Temperaturkoeffizient ca. 50mal so groß wie bei Konstantan.

Der Dehnungsmeßstreifen, der auf das einer Belastung ausgesetzte Material geklebt wird, ist infolgedessen der gleichen Deformation wie dieses unterworfen. Eine Längenänderung in Richtung der Längsachse des Streifens ergibt somit eine Längenänderung des Widerstandsdrahtes und demzufolge eine Änderung des elektrischen Widerstandes. Zwischen der in dem Material auftretenden Dehnung dl/l und der spezifischen Widerstandsschwankung dR/R des Dehnungsmeßstreifens besteht ein vollkommen linearer Zusammenhang, bis weit über den Punkt hinaus, in welchem das Metall des Drahtes seine Fließgrenze erreicht. Sind also die elektrischen Eigenschaften eines Dehnungsmeßstreifens bekannt, dann kann die Längenänderung des Werkstoffes, worauf der Streifen geklebt ist, durch Messung der Änderung des elektrischen Widerstandes bestimmt werden. Sind dagegen auch die elastischen Eigenschaften des Werkstoffes bekannt, dann kann die Widerstandsänderung auch zur Bestimmung des im Werkstoff herrschenden Spannungszustandes dienen. Von beiden Möglichkeiten wurde bei den Untersuchungen Gebrauch gemacht.

1.31 Die dynamische Messung

Hierbei kann ein einfacher elektrischer Stromkreis (s.Abb.2) benutzt werden, wobei als Anzeigegerät in unserem Falle ein Lichtpunkt-Linienschreiber verwendet wurde.

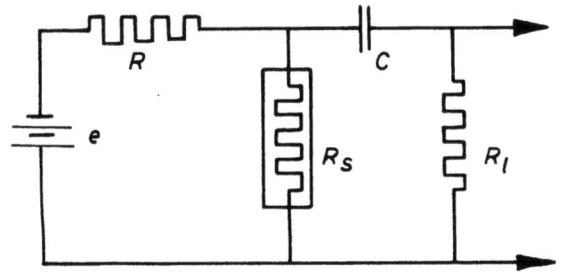

e = Batteriespannung
R_s = Dehnungsmeßstreifen
C = Kondensator
R_l = Ableitwiderstand
R = Ohmscher Widerstand

Abbildung 2

Die elektrische Spannung im Dehnungsmeßstreifen mit einem Widerstand R_s ist:

$$1) \quad e_s = \frac{R_s \cdot e}{R+R_s}$$

R_s ist nun infolge der dynamischen Belastung kleinen Schwankungen unterworfen. 1) differenziert ergibt:

$$de_s = e \cdot \frac{R \cdot dR_s}{(R+R_s)} = e \cdot \frac{R \cdot R_s}{(R+R_s)^2} \cdot \frac{dR_s}{R_s}$$

Die spezifische Widerstandsschwankung ist:

$$\frac{\Delta R_s}{R_s} = k \cdot \frac{\Delta l}{l} = k \cdot \frac{\sigma}{E} \quad \left(\frac{\sigma}{E} = \frac{\Delta l}{l}\right)$$

E = Elastizitätsmodul
k = Eichfaktor

Also:

$$\Delta e_s = e \frac{R \cdot R_s}{(R+R_s)^2} \cdot k \cdot \frac{\sigma}{E}$$

Die Spannungsänderung Δe_s ist also innerhalb bestimmter Grenzen proportional den auftretenden mechanischen Materialspannungen. Bei dynamischen Vorgängen ist Δe_s somit eine Wechselspannung mit derselben Frequenz wie bei der mechanischen Schwingung.

Eine besondere Bedeutung gewinnt der Dehnungsmeßstreifen wegen seiner kleinen Masse bei Untersuchungen zeitlich veränderlicher Beanspruchungen, vor allem deshalb, weil die statische Eichung ohne weiteres auf dynamische Messungen übertragen werden kann. Die Größe der elektrischen Widerstandsänderungen der Meßstreifen werden mit Meßbrücken ermittelt.

Zum Messen der zeitlich veränderlichen Beanspruchungen mit Hilfe des Meßstreifens verwendet man je nach dem zu übertragenden Frequenzbereich hauptsächlich zwei Verfahren: Das Trägerfrequenzverfahren von 0 bis etwa 1000 Hz oder das Gleichstromverfahren ab 1000 Hz. Bei den Versuchen wurde das Trägerfrequenzverfahren angewandt.

Hierbei besteht die Trägerfrequenzbrücke im wesentlichen aus dem Oszillator zur Erzeugung der Trägerfrequenz, der eigentlichen Meßbrücke (WHEATSTONEsche Brücke) zur Amplitudenmodulation der Trägerfrequenz mit den

Meßsignalen und aus dem Demodulator, der die Meßfrequenz wieder von der Trägerwelle trennt und nach nochmaliger Verstärkung dem Registriergerät zuführt.

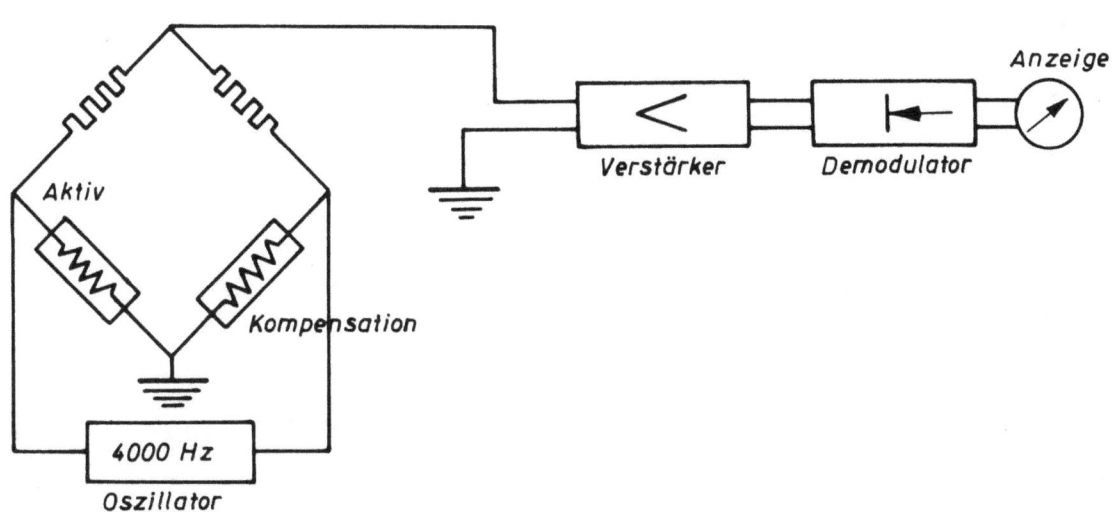

Abbildung 3

Trägerfrequenzbrücke

Will man bei den Messungen die Einflüsse der Temperatur ausgleichen, so muß ein sogenannter Kompensationsstreifen oder "dummy"-Streifen in den anderen Zweig der Brücke geschaltet werden. Der Kompensationsstreifen muß auf ein Stück desselben Materials geklebt werden und darf keiner Beanspruchung ausgesetzt sein, so daß sich die Temperatureinflüsse herauskompensieren. Die Wahl der Dehnungsmeßstreifen bezüglich der Widerstandswerte richtet sich nach der Empfindlichkeit der Messung, da diese mit der Spannung der Trägerfrequenz steigt. Sie ist bei gegebener Maximalstromstärke des Meßstreifens proportional dem Streifenwiderstand. Daher werden für Untersuchungen dynamischer Beanspruchungen Dehnungsmeßstreifen mit hohen Widerstandswerten gebraucht.

1.32 Allgemeines über die Schaltvorrichtung zwischen Dehnungsmeßstreifen und Meßgerät

Bei Messungen mit Dehnungsmeßstreifen ist es wichtig, daß die Widerstände der Zuleitungen von der Meßbrücke zu den Meßstreifen keine Änderung erfahren. Diese Bedingung ist bei Untersuchungen an rotierenden Maschinenteilen schwierig zu erfüllen. Die Art der Messung erfordert eine besondere Brückenschaltung. Die Anzeige des Meßstreifens muß über einen Schleifringübertrager zum Meßgerät geführt werden. Die übliche Schaltung bei Verwendung von Schleifringen ist aus der Abbildung 4 zu ersehen.

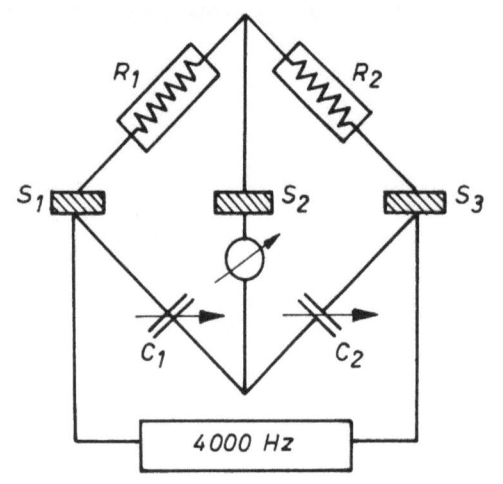

R = Dehnungsmeßstreifen

C = veränderlicher Kondensator in der Meßbrücke

S = Schleifring

Abbildung 4

Übliche Schaltung bei Verwendung von Schleifringen

Bei dieser Schaltung sind die Übergangswiderstände der Schleifringe mit den Widerständen der Dehnungsmeßstreifen hintereinander geschaltet. Wenn der Widerstand S_1 um 60 mΩ schwankt, ergibt sich bei 600 Ω - Streifen mit dem K-Faktor 2 ein Meßfehler nach der Formel

$$\frac{\Delta R}{R} = K \cdot \frac{\Delta l}{l} = K \cdot \varepsilon \qquad \text{von}$$

$$\frac{60 \cdot 10^{-3}}{6 \cdot 10^2} \cdot \frac{1}{2} = 50 \cdot 10^{-6} \quad \text{Dehnung.}$$

Bei Meßstreifen mit einem kleineren Widerstandswert liegen die Verhältnisse noch ungünstiger. Darum werden bei vorliegenden Messungen auch 600 Ω -Streifen verwendet.

Aus dem Beispiel ist zu ersehen, daß an die Schleifringe hohe Anforderungen gestellt werden müssen. Die Gleitkontaktanordnungen müssen einen sehr kleinen Übergangswiderstand, also eine sehr kleine Rauschspannung haben. In dieser Richtung wurden von Billy M. HORTON verschiedene Kontaktanordnungen bei folgenden Verhältnissen untersucht:

Zwei Bürsten 6,35 x 6,35 mm in Reihe auf jedem Schleifring angeordnet. Die Gleitgeschwindigkeit betrug 35 cm/s.

Dabei hat sich herausgestellt, daß die Kombination von Silberschleifringen mit Bürsten aus Naturgraphit oder aus feinkörnigem Silbergraphit mit niedrigem Silbergehalt für die Praxis am besten geeignet ist. Flüssige Kontaktringe, in Form von Quecksilber in runden Rinnen mit darin umlau-

fenden amalgierten Kupferscheiben, ergaben die geringste Rauschspannung.
Diese Anordnung jedoch muß auf Laborversuche beschränkt bleiben. Schleifringe aus oxydiertem Kupfer und Bürsten aus Naturgraphit erzeugten zu
Beginn des Versuches eine hohe Rauschspannung, die aber nach einigen Umdrehungen auf 1/10 des Anfangswertes absanken.

Die erzeugte Rauschspannung ist nicht nur von der Materialwahl der Kontakte abhängig, sondern auch von der Kraft, mit der die Bürsten an die
Schleifringe gedrückt werden. Die günstigste Andruckkraft muß von Fall
zu Fall ermittelt werden, da auch die Gleitgeschwindigkeit die Verhältnisse stark beeinflußt.

Um die genannten Schwierigkeiten zu umgehen, kann die sogenannte "THOMSONsche-Schaltung" Verwendung finden. Hierbei wird die Brücke über zwei
besondere Schleifringe gespeist. Die veränderlichen Übergangswiderstände S_1 und S_3 (s.Abb.5) liegen nicht mehr mit dem Dehnungsmeßstreifen
sondern mit dem Abgleichkondensator C_1 und C_2 des Gerätes in Reihe, die
eine viel größere Impedanz haben.

Beispiel: $C_1 = C_2 = 1000$ [pF]; $f = 4000$ [Hz]; $Rs_1 = 60$ [mΩ]
$K = 2$

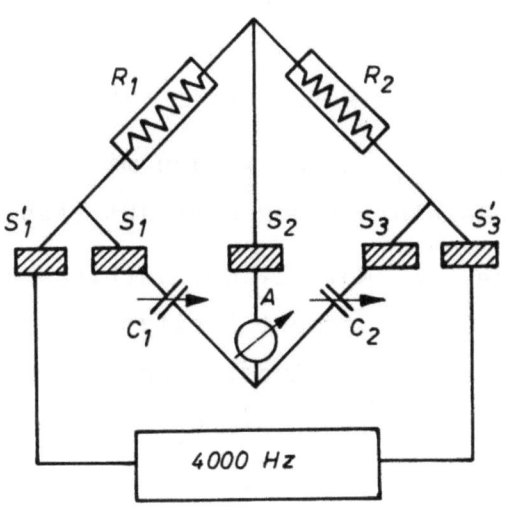

Abbildung 5

THOMSONsche Schaltung

$R = \frac{1}{\omega \cdot C} = \frac{1}{2 \cdot \pi \cdot 4 \cdot 10^3 \cdot 10^3 \cdot 10^{-12}} = 4 \cdot 10^4$ [Ω]. Damit ergibt

sich:

$$\frac{\Delta R}{R \cdot K} = \varepsilon = \frac{60 \cdot 10^{-3}}{4 \cdot 10^4 \cdot 2} = 0,75 \cdot 10^{-6} \text{ Dehnung}$$

ohne Berücksichtigung der Phasenverschiebung. Bei ihrer Berücksichtigung liegen die Verhältnisse noch günstiger.

2. Die Versuchseinrichtung

2.1 Meßeinrichtungen an den Radsätzen

Bei der Untersuchung des DÜWAG-Drehgestells wurden u.a. die elastischen Getriebekupplungen bei verschiedenen Gummiqualitäten als Meßstellen herangezogen. Durch die kraftschlüssige Verbindung von Radsatz und Motor-Getriebeblock mittels der Gummikupplung, konnte auf Grund der Ermittlungen der Verhältnisse in den Kupplungen auf das Verhalten der Radsätze und des Motor-Getriebeblocks bei verschiedenen Fahrzuständen geschlossen werden.

Da das Gummi bei der Übertragung von Drehmomenten nur auf Verdrehschub beansprucht wird, lief die Messung darauf hinaus, die Verdrehung in den Kupplungen bei den verschiedenen Zuständen zu ermitteln. Mit Hilfe der Kennlinien der verschiedenen Gummisorten, die vor den Versuchen aufgenommen wurden, konnte die Beanspruchung ermittelt werden. Die Kräfte waren also meßbar an der Verformung der Gummisegmente bzw. an den Bewegungen der Scheiben S_1 und S_2 gegeneinander (Abb.1 S.6).

Die Bewegungen der Scheiben S_1 und S_2 wurden mit den in folgenden Abschnitten beschriebenen Meßeinrichtungen erfaßt (Abb.6).

Die Gummikupplung, welche eine Metall-Gummiverbindung ist, besteht aus zwei Kupplungssegmenten. Jedes Segment besitzt auf jeder Seite zwei Nocken. Diese Nocken sitzen in den Aussparungen der Tellerräder der Hohlwelle und der Kupplungsflansche, die mit der Radachse verschraubt bzw. verspannt sind. Durch diese Nocken und der nötigen Vorspannung im Gummi, die durch Anziehen der Schrauben für die Kupplungsflansche erreicht wird, wird der Kraftschluß zwischen Radsatz und Motor-Getriebeblock hergestellt. Die Gummikupplungen mit den Qualitäten Mg 350, A 560, Mg 660 und Mg 670 wurden an den Nocken durchbohrt. Diese Bohrungen sind zur Aufnahme der Geber bestimmt. Um die Geber befestigen zu können, wurde der Nockenrand mit Gewindelöchern versehen.

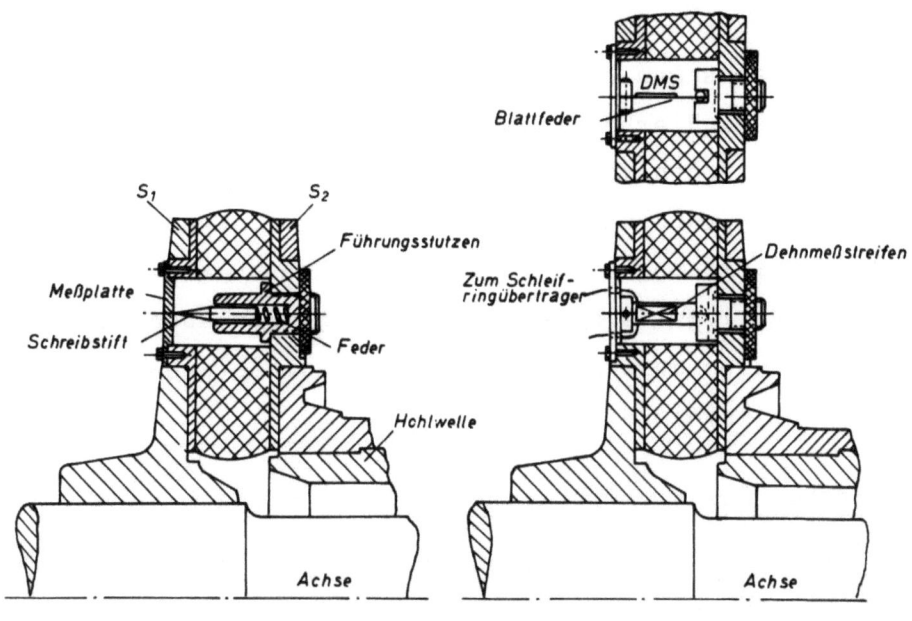

Abbildung 6

Eingebaute Kupplung mit
a) Meßpatrone   b) elektronischer Meßeinrichtung

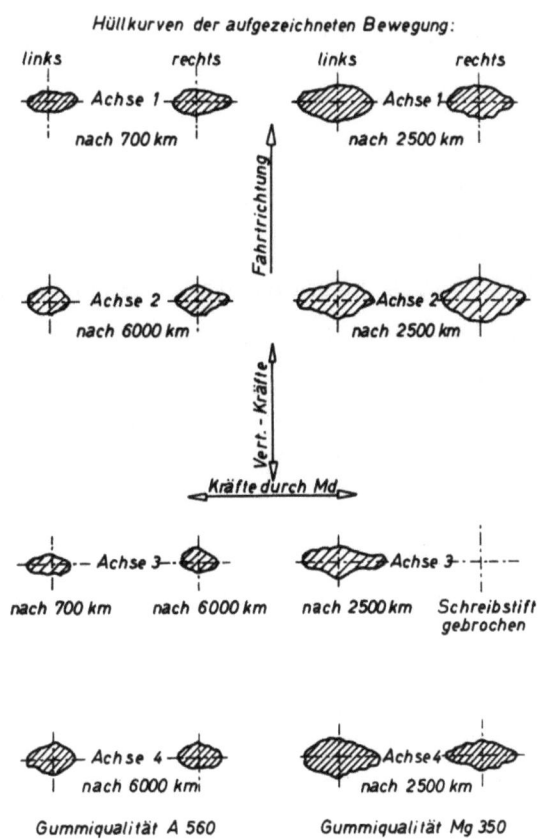

Abbildung 7

Prüfung der elastischen Antriebskupplung mit der Meßpatrone

Maßstab 1:2,5

Bevor die Geber für die elektronische Meßeinrichtung angefertigt werden konnten, wurden Vorversuche gemacht, die etwas über die Größenordnung der Bewegungsvorgänge aussagen konnten. Diese Versuche wurden mit einer Meßpatrone durchgeführt. Hierbei zeichnet ein Schreibstift auf einer Meßplatte die Verschiebungen von S_1 und S_2 gegeneinander auf. Diese Aufzeichnungen bildeten die Grundlage für die Wahl der elektronischen Meßeinrichtungen (Feder, Verstärkung etc. Abb.7). Die Messungen wurden an dem voranlaufenden Drehgestell mittels der in den folgenden Abschnitten beschriebenen Meßeinrichtungen durchgeführt, die für diese speziellen Untersuchungen z.T. besonders entwickelt wurden.

2.11 Der Geber für die elektronische Meßeinrichtung

Die Wirkungsweise des Gebers besteht im wesentlichen darin, daß die Verschiebung der beiden Scheiben gegeneinander die Durchbiegung einer dünnen Blattfeder (0,24 mm) verursacht. Diese Formänderung ruft eine Widerstandsänderung des auf der Feder aufgeklebten 600 Ω-Dehnungsmeßstreifens hervor, die über Verstärker und Meßbrücke oder Lichtpunkt-Linienschreiber sichtbar gemacht oder registriert wird. Die Drehmomentmessung erfordert also eine radiale Stellung der Feder. Bei Messung der radialen Verschiebung wird der Geber um 90° gedreht.

Es wurde hierbei angenommen, daß bei konstantem Drehmoment der Verdrehungswinkel der beiden Scheiben in jeder Stellung gleich bleibt. Die Aufzeichnungen mußten also eine Gerade ergeben, da die Feder immer gleich gebogen war. Es stellte sich aber beim Probelauf des ausgebauten und aufgebockten Triebdrehgestells heraus, daß die Momentkurve bei konstantem Drehmoment über eine Radumdrehung sinusförmig verlief. Ursache dafür war eine zusätzliche senkrechte Beanspruchung der Kupplungen.

Überlagerungen hätten sich auch bei den Fahrversuchen bei allen Vertikalbewegungen der Radsätze oder des Motor-Getriebeblocks ergeben. Dieses war natürlich unerwünscht, da die Aufzeichnungen kein eindeutiges Bild ergeben hätten. Es mußte somit eine Möglichkeit gefunden werden, die nur die Registrierung der Federdurchbiegung unter dem Einfluß des Drehmomentes gestattete. Die Aufgabe der Elimination der Widerstandsänderung aus der Anzeige bei der Drehmomentenmessung, die durch die Vertikalbewegungen hervorgerufen wurde, wurde meßtechnisch wie folgt gelöst:

Bei den zuerst angefertigten Gebern war der Kompensationsstreifen für den Temperaturausgleich auf die andere Seite der Blattfeder geklebt worden. Somit trat im Kompensationsstreifen dieselbe aber entgegengesetzte

Dehnung bzw. Stauchung auf wie im aktiven Meßstreifen, da die Feder einer Biegebeanspruchung ausgesetzt war. Beide Meßstreifen sind bei dieser Anordnung also entgegengesetzten Widerstandsschwankungen unterworfen. Dadurch wird die Diagonalspannung der Meßbrücke verdoppelt und man erhält die doppelte Meßempfindlichkeit bei vollkommenem Temperaturausgleich. Um die Einflüsse der Vertikalbewegungen aus der Anzeige zu eliminieren, wurden für jede Meßstelle je zwei Geber gebaut. Jeder Geber, d.h. jede Blattfeder wurde nur mit einem Meßstreifen beklebt. Das zu jeder Meßstelle gehörige Geberpaar wurde dann um 180° gegeneinander versetzt eingebaut, aber so, daß der Dehnstreifen des ersten Gebers auf Zug und der zweite auf Druck beansprucht wurde, bei einer Verdrehung der Scheiben S_1 und S_2 gegeneinander. Der zweite Meßstreifen wurde zum ersten wie ein Kompensationsstreifen geschaltet. Durch diese meßtechnische Maßnahme wurde ebenfalls eine doppelte Meßempfindlichkeit erreicht. Die Temperatureinflüsse

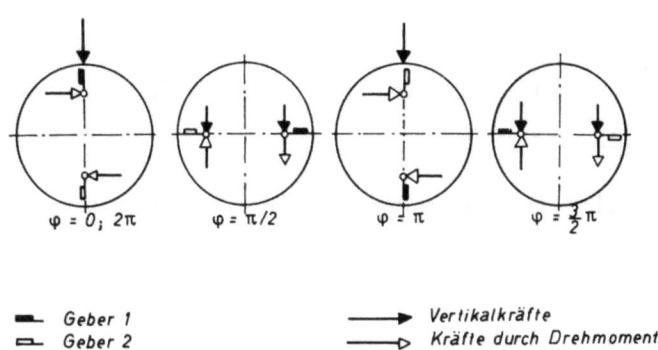

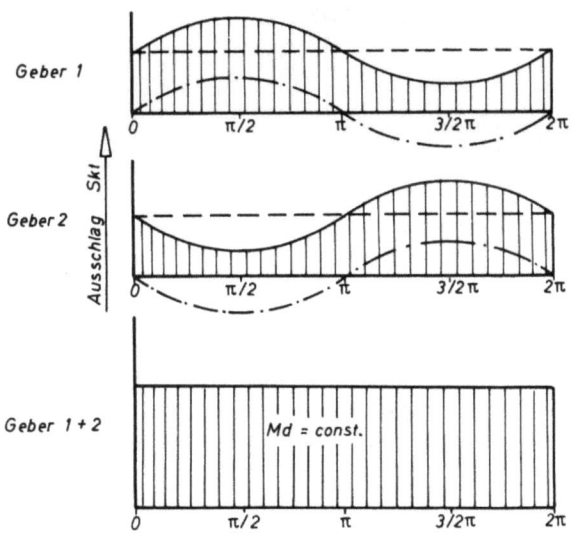

Abbildung 8

Wirkungsweise der beiden um 180° gegeneinander versetzten elektronischen Geber bei einer Radumdrehung

werden auch hierbei ausgeschaltet, da beide Geber den gleichen Bedingungen unterliegen. Die Wirkungsweise dieser Anordnung zeigt ebenfalls die vorstehende zeichnerische Darstellung (Abb.8). Die Versuche haben gezeigt, daß diese Meßanordnung die einwandfreie Messung und Registrierung der Scheibenverdrehung gestattet.

2.12 Herstellung und Anordnung der Schleifringübertrager

Da es sich bei den Versuchen um Messungen an rotierenden Teilen handelte, mußten Schleifringe verwendet werden. Aus konstruktiven Gründen war nur die übliche Schaltanordnung mit drei Schleifringen je Meßeinheit anwendbar. Für die THOMSONsche Schaltung wären fünf Ringe je Einheit nötig gewesen. Es mußte daher die größte Sorgfalt auf die Herstellung der Schleifringe gelegt werden. Im Laufe der Untersuchungen wurden zwei Arten von Übertragern angefertigt. Die erste Ausführung entsprach bei Probeläufen des aufgebockten Drehgestells nach manchen Schwierigkeiten den Anforderungen. Doch traten bei den Fahrversuchen Störungen auf, die von den Schleifringen herrührten. Diese Art genügt allen Anforderungen bei nicht zu großen Umfangsgeschwindigkeiten des Maschinenteils und ruhigem Lauf bei ungeteilten Schleifringen.

Die zweite Anlage hat sich dagegen bei allen Fahrzuständen sehr gut bewährt. Im folgenden werden beide Ausführungen kurz beschrieben.

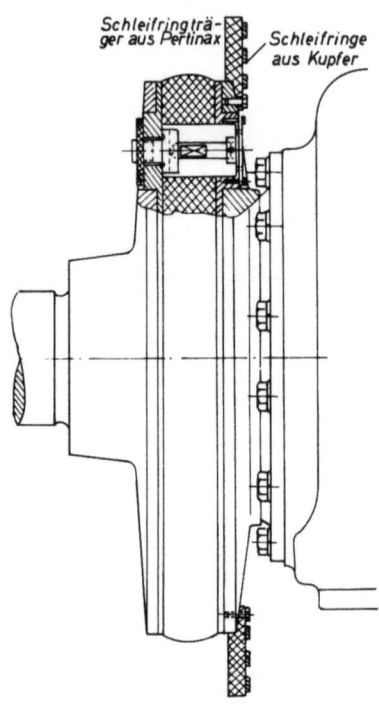

A b b i l d u n g   9
1. Ausführung der Schleifringanordnung

Wie die Abbildung 9 zeigt, steht der Schleifringkörper senkrecht zur Radachse. Aus baulichen Gründen mußte er geteilt werden, da sonst eine Demontage der Radsätze erforderlich gewesen wäre.

Zuerst wurden die Außenseiten der dem Getriebekasten zugewendeten Kupplungsflansche (Tellerräder) mit Ausnahme der neben der Scheibenbremse befindlichen Kupplung abgedreht, wobei am Getriebekasten ein Support angebracht werden mußte. Von dem Profil wurde eine Schablone angefertigt, damit ein genaues Ausdrehen der Schleifringträger erfolgen konnte. Danach wurden Kupferplatten mit den aus Pertinax bestehenden Schleifringträgern verschraubt, da Versuche mit Klebemitteln nicht zum Ziele führten. Die Schleifringe wurden anschließend auf der Drehbank ausgestochen, der Schleifringkörper maßhaltig bearbeitet und dann geteilt. Darauf wurden die geteilten Schleifringübertrager mit den abgedrehten Kupplungsflanschen verschraubt. Die elektrische Verbindung von den Gebern zu den Schleifringen wurde mit abgeschirmten Kupferlitzen, die mit den Rückseiten der Schleifringe verlötet waren, hergestellt. Nach dem Einbau wurden die Ringe nochmals überdreht und poliert. Die Kontakte wurden mittels Kohlebürsten hergestellt, die paarweise je Ring angeordnet waren. Durch umfangreiche Versuche wurde festgestellt, daß Kohlebürsten mit 40 % Bronzezusatz besonders gut für diese Zwecke geeignet waren. Der Bürstenhalter aus Pertinax mit eingeschraubten Messinghülsen wurde am Getriebekasten befestigt. Bei den Versuchen wurde in Übereinstimmung mit den Ergebnissen von HORTON festgestellt, daß nach Ruhepausen auf den Ringen ein Oxydfilm auftritt, der aber schon nach einigen Achsumdrehungen von den Kohlen fortgeschliffen wird.

Bei der 2. Anordnung befinden sich die Schleifringe nicht mehr an den Tellerrädern der Hohlwelle, sondern wie Abbildung 10 zeigt, direkt auf der Radsatzachse. Das hat u.a. den großen Vorteil, daß die Umfangsgeschwindigkeit der Schleifringe erheblich kleiner als bei der 1. Ausführung ist. Ausgeführt wurde diese Anlage wie folgt:

Da insgesamt elf Schleifringe für vier Meßstellen erforderlich waren, wurden von einer 8 x 11 mm Kupferschiene elf Stücke von 500 mm beschafft. Diese Stücke wurden mit Kontaktfahnen versehen, um die Achsen ringförmig gebogen, mit Asbest unterlegt und verschweißt. Hierauf wurden die Schleifringe gerichtet, mit Distanzstücken versehen und eingeformt. Das Ganze wurde anschließend mit Leguval vergossen. Nach Erkalten und Abnehmen der Form wurden die Ringe mit Hilfe eines am Achslager befestigten Supports überdreht und mit Nuten versehen. Die Nuten dienten der Aufnahme von

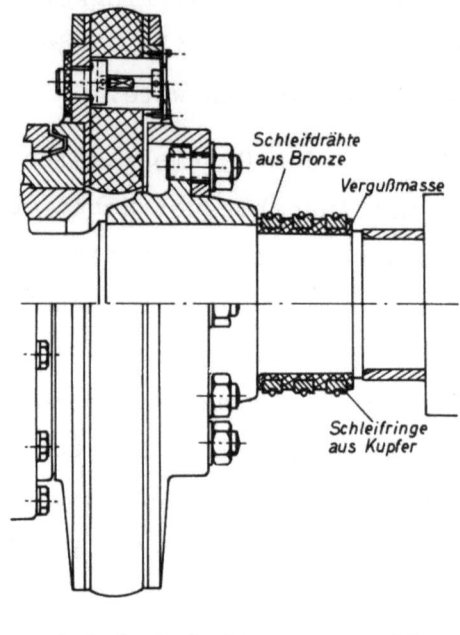

Abbildung 10

2. Ausführung der Schleifringanordnung

2 mm Bronzedrähten, da der Kontakt nicht mehr mit Kohlebürsten, sondern mit Hilfe dieser Drähte hergestellt wurde. Der Drahthalter zur Befestigung der Drähte, wurde am Achslager angebracht.

Modellversuche, die vor dieser Anfertigung mit einem eingespannten Schleifringkopf eines Elektro-Motors auf einer Drehbank durchgeführt worden waren, hatten diese Art der Kontaktanordnung wünschenswert erscheinen lassen.

Diese Schleifringübertrager haben sich bei den Versuchen sehr gut bewährt. Nur gegen Feuchtigkeit sind sie empfindlich. Eine nach einer Versuchsfahrt bei Regenwetter auftretende Störung konnte auf Feuchtigkeitseinflüsse zurückgeführt werden. Durch Auswaschen mit Alkohol und Äther, sowie Anblasen der Ringe mit einem Föhn und Erwärmung mit einem Infrarotstrahler, konnte die eingedrungene Feuchtigkeit aus der Vergußmasse entfernt werden. Durch Imprägnieren der Vergußmasse mit einer Wachsschicht wurden weitere Störungen ausgeschaltet.

2.2 Meßanordnung zur Ermittlung der Beanspruchungen des Motor-Getriebeblocks

Um das Verhalten des Motor-Getriebeblocks bei den verschiedenen Fahrzuständen überwachen und die Ursache der bei einer Reihe von Getriebegehäusen aufgetretenen Schäden ermitteln zu können, wurden auch bei diesen Untersuchungen Dehnungsmeßstreifen verwendet. Als Meßstellen wurden die Stellen gewählt, wo die größten Spannungen erwartet werden mußten, und zwar am gefährdeten Querschnitt, am Übergang vom Getriebehals zum Getriebekasten. Zwecks Ermittlung von Biege- oder Wechselspannungen wurden die Unterseiten der Getriebehälse, so nahe wie möglich an den gefährdeten Querschnitten mit Dehnungsmeßstreifen versehen. Der Kompensationsstreifen wurde neben dem aktiven Streifen befestigt, ohne einer Beanspruchung ausgesetzt zu sein.

Ferner wurden auf die Seiten der Getriebehälse Meßstreifen geklebt, die die Messungen von Torsionsspannungen, hervorgerufen durch Motordrehmomente oder Schrägstellungen der Achsen in den Hohlwellen, z.B. beim Überfahren von Weichen und Kreuzungen, erlaubten.

Auch diese Messungen wurden mit dem schon beschriebenen Lichtpunkt-Linienschreiber registriert.

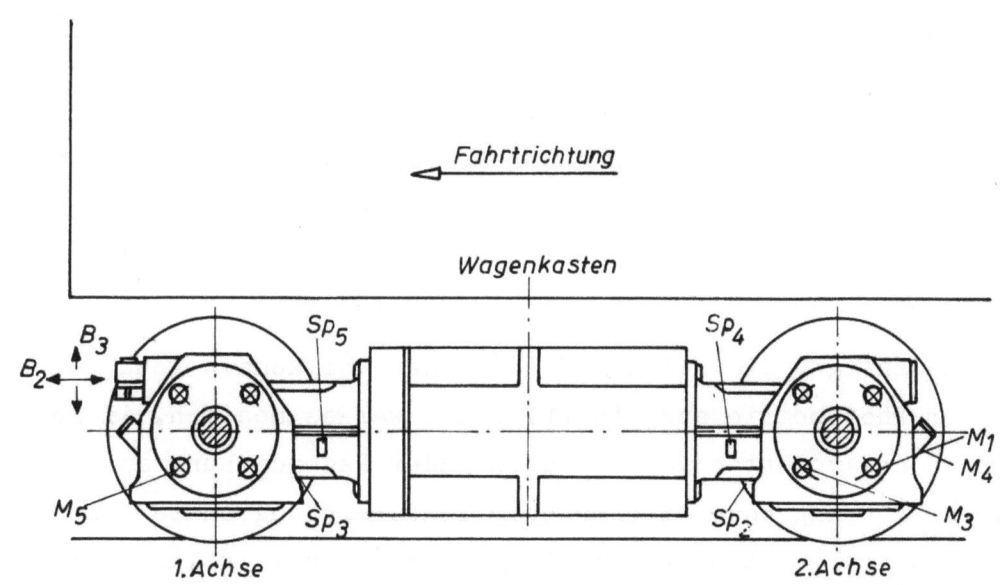

Zeichenerklärung:

M_1; M_4 = Ermittlung der Parallelschubbeanspruchung der Gummikupplung
M_3; M_5 = Ermittlung der Verdrehschubbeanspruchung der Gummikupplung
B_2; B_3 = Beschleunigungsmessung horizontal bzw. vertikal
Sp_2; Sp_3 = Messung der Biegespannungen am Hals der Getriebeghäuse
Sp_4; Sp_5 = Messung der Torsionsspannung an den Hälsen der Getriebegehäuse

A b b i l d u n g   11

Meßstellenanordnung am vorderen Drehgestell

Die Eichkurven für die Spannungsmessungen (registrierte Aufzeichnungen in Abhängigkeit von den Spannungen) wurden mit einem auf einen Zugstab (F = 200 mm^2) aufgeklebten Dehnungsmeßstreifen derselben Serie (gleicher Widerstand, gleicher k-Faktor) durch Zugversuche ermittelt.

Ferner wurde vor Kopf des Getriebekastens ein Philips-Beschleunigungsmesser angebracht. Damit konnten sowohl die horizontalen, und nach Drehung des Beschleunigungsmessers um 90°, auch die vertikalen Beschleunigungen aufgenommen werden.

Die Anordnung der Streifen und des Beschleunigungsmessers, sowie die Verteilung der Meßstellen in den Gummikupplungen, ist aus Abbildung 11 zu ersehen.

2.3 Die Geschwindigkeitsermittlung

Die Bestimmung der Drehzahl und somit die Geschwindigkeitsermittlung wurde ursprünglich wie folgt durchgeführt. Ein Kontaktstift, der mit Masse verbunden ist, lief mit den Kupplungsscheiben um. Nach jeder Umdrehung berührte er eine Blattfeder, die isoliert am Getriebegehäuse befestigt war. Ein Stromkreis, von einer Batterie gespeist, wurde dadurch geschlossen. Der entstehende Stromstoß wurde mit dem Lichtpunkt-Linienschreiber registriert. Jeder Stromstoß war also gleich einer Umdrehung. Diese Anlage hat sich nicht bewährt, da die Blattfeder in Schwingungen versetzt wurde und bei größeren Geschwindigkeiten abbrach.

Die zweite Meßanlage, die allen Anforderungen vollkommen genügte, wurde mit Hilfe der Photometrie ausgeführt. Damit war es möglich, im Bedarfsfall ein Bild des vollständigen Ablaufs jeder Radumdrehung aufzunehmen. Bei dieser Ausführung bedeckt eine spiralenförmig begrenzte Meßscheibe, die auf der Radachse mit einem Stellring verschraubt ist, bei Drehung des Rades einen größer oder kleiner werdenden Sektor einer Lichtquelle, die von einer Batterie gespeist wird. Die Strahlen dieser Lichtquelle treffen auf eine Photozelle. Die Photozelle und die Lichtquelle (Lampe) sind am Achslager befestigt. Der entstehende Photostrom, der von der Beleuchtungsstärke und somit von der Stellung der Meßscheibe bzw. des Rades abhängig ist, wird vom Lichtpunkt-Linienschreiber registriert.

Aus der Geschwindigkeit des ablaufenden lichtempfindlichen Papiers, der Anzahl der registrierten Umdrehungen und dem bekannten Raddurchmesser, kann die Geschwindigkeit leicht ermittelt werden.

3. Die elastische Getriebekupplung

Wie in der Einleitung schon kurz beschrieben wurde, handelt es sich bei dem untersuchten Trieb-Drehgestell um einen Antrieb mit Hohlwellentatzlagergetriebe und Gummischeibenkupplung. Diese Kupplungen sind mit einer axialen Vorspannung eingebaut und in allen Richtungen spielfrei. Die Achsen der Radsätze, die in der Hohlwelle das nötige Bewegungsspiel besitzen, können sich somit auch schräg zu den Hohlwellen einstellen und sich den Gleisunebenheiten anpassen. Das Gummi wird in diesem Fall auf Druck beansprucht. Dadurch, daß sich der gesamte Motor-Getriebeblock über diese Kupplungen auf die Radsätze abstützt und die Stützkräfte, die sich aus den Antriebs- und Bremsmomenten ergeben, ebenfalls durch die Getriebekupplung übertragen werden, ist das Gummi einer Parallelschubbeanspruchung ausgesetzt. Ferner tritt eine Drehschubbeanspruchung auf, da die Trieb- und Bremsmomente über die Gummikupplungen geleitet werden. Bei den Kupplungen handelt es sich also um Gummifedern, die auf Druck, Parallel- und Verdrehschub beansprucht werden.

Die Kennzeichnung des Gummis durch seine Härte bzw. Weichheit, ist rechnungsmäßig und konstruktiv nicht verwertbar. Es muß eine Beziehung zwischen Kraft und Formänderung, d.h. ein Federdiagramm, für die betreffende Härte vorliegen. Bei den untersuchten Kupplungen mit den Gummiqualitäten A 560, Mg 350, Mg 660, Mg 670 geben die beiden letzten Zahlen die Härte in Shore an.

3.1 Das Verhalten der Gummikupplung bei verschiedenen Beanspruchungen

3.11 Die Druckbeanspruchung

Sie kommt neben der Schubbeanspruchung am meisten vor. Der Druckmodul von Weichgummi hängt u.a. von der Form des Gummielementes ab. Von THUM und OESER wurde nachgewiesen, daß Gummizylinder mit gleichem Verhältnis von Höhe und Durchmesser gleiche Federkennlinien haben. KIMMICH hat diese Beziehung auf Druck beanspruchte Teile, deren belastete Flächen senkrecht zur Druckrichtung liegen, wie Zylinder, Quader und auch gelochte Platten, erweitert. Er hat festgestellt, daß Gummiteile mit gleichem Formfaktor, gleiche Druckdiagramme ergeben. Dabei wird unter Formfaktor das Verhältnis der belasteten zur freien Oberfläche des Gummiteils verstanden.

Werden die Federdiagramme für die Druckbeanspruchung für Gummisorten verschiedener Härte (gleiche Probenform) aufgetragen, so erhält man eine Kurvenschar, die fächerförmig eine Fläche aufteilt (Abb.12).

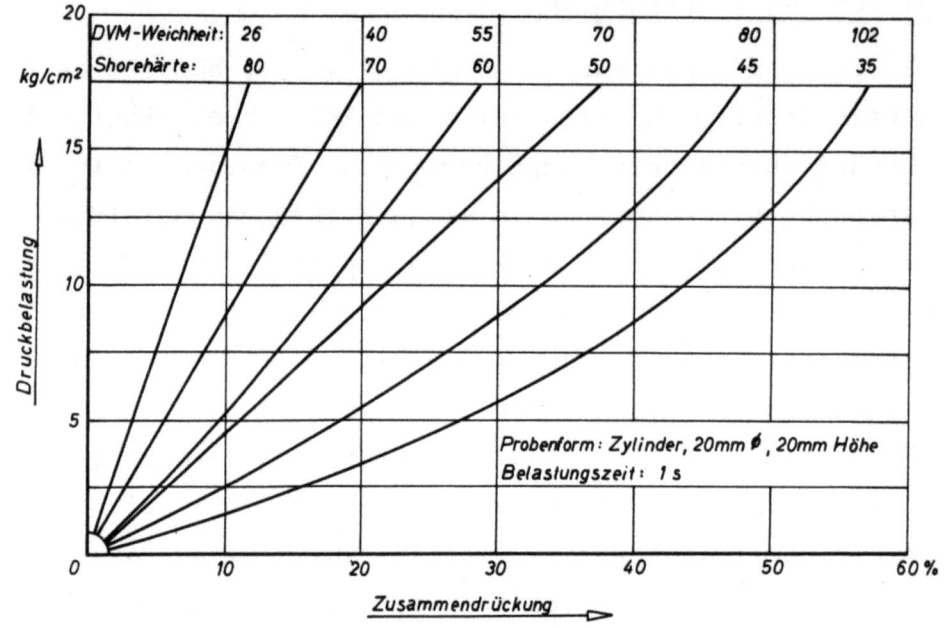

Abbildung 12

Federdiagramm für die Druckbelastung verschiedener Weichgummisorten

Bei einer Formänderung unterhalb 15 % sind die Druckdiagramme geradlinig, so daß aus der Neigung ein Druckmodul errechnet werden kann. Damit ergibt sich folgendes Bild für die Abhängigkeit des Druckmoduls vom Formfaktor für verschiedene Gummisorten. Die Beziehung zwischen Form und Druckmodul gilt für Temperaturen um 20° (Abb.13).

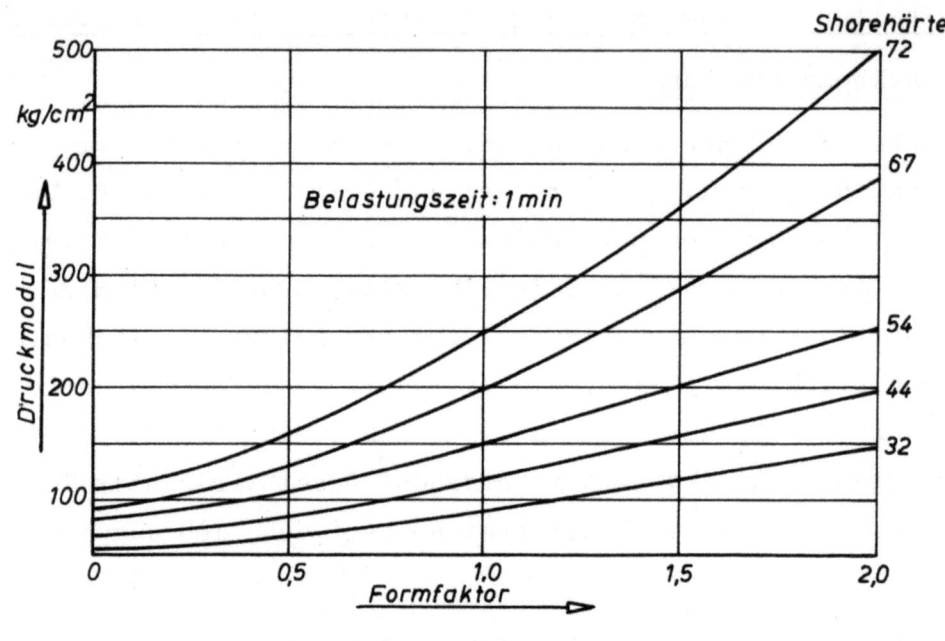

Abbildung 13

Federdiagramm für Druckbelastung bei einer Formänderung unterhalb 15 %

3.12 Die Schubbeanspruchung

Bei der Schubbelastung ist der Schubmodul, wie u.a. von GÖBEL nachgewiesen wurde, im technischen Belastungsbereich unabhängig von Belastung und Form. Man erhält für den Schubmodul die in der nachstehenden Tabelle enthaltenen Werte.

Grundtypen von Perbunan-Weichgummi für die Konstruktion

Shore-härte	Weichheit n. DIN DVM 3503	Druckmodul kg/cm^2 b. Formfaktor		Schubmodul $[kg/cm^2]$	Elast. Nachwirk. [%]	Dämpfung [%]	Zerreißfestigk. $[kg/cm^2]$	Bruchdehnung [%]
		0,5	2					
30	130	22	93	3	16	21	38	450
40	90	27	133	4	20	18	48	425
50	70	40	183	5	21	16	88	420
60	54	60	260	7	18	16	100	350
70	40	100	400	12	25	20	138	250

(Aus Z. VDI __87__ (1943) Nr. 23/24 S. 347 bis 351)

3.13 Die dynamische Beanspruchung

Da die Gummikupplungen des untersuchten Antriebes auch dynamisch beansprucht werden, mußten die Verhältnisse bei dieser Belastung berücksichtigt werden. Übereinstimmend mit bereits vorliegenden Versuchsergebnissen wurde festgestellt, daß der Elastizitätsmodul für dynamische Beanspruchung von Weichgummi höher liegt als der statische. Das ist auf die bei Weichgummi stets auftretende elastische Nachwirkung zurückzuführen. Bei einer Belastung wirkt sich ein Teil der Gesamtformänderung erst nach einiger Zeit aus. Je größer also die Belastungsgeschwindigkeit ist, um so kleiner ist der Teil der elastischen Nachwirkung, der in Erscheinung tritt. Das dynamisch beanspruchte Gummi erscheint also härter als das statisch belastete. Der E-Modul ist größer. Das Verhältnis E_{dyn}/E_{stat} ist also abhängig von der Belastungsgeschwindigkeit und der elastischen Nachwirkung (Abb. 14).

Neben die statisch definierte elastische Nachwirkung tritt bei dynamischer Beanspruchung die Dämpfung. Sie ändert sich nur wenig mit der Wechsellast, aber stark mit der Temperatur. Die Dämpfung wird aus dem aufgezeichneten Federdiagramm dynamisch beanspruchter Gummiteile entnommen, deren Be- und Entlastungslinie nicht zusammenfallen, sondern eine Hystereseschleife bilden.

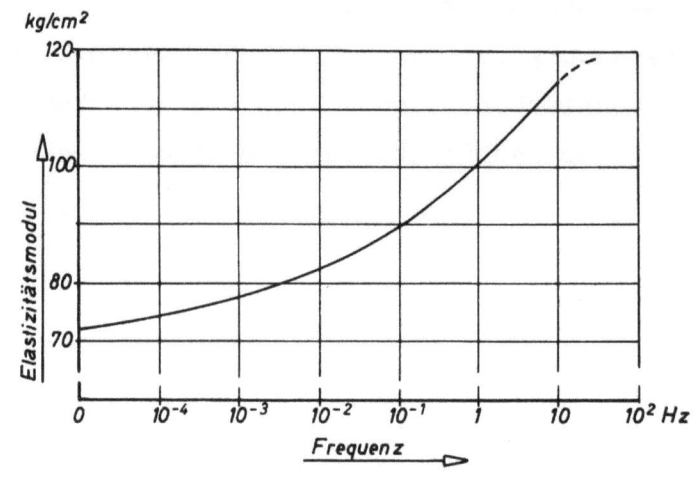

Abbildung 14

Der Elastizitätsmodul in Abhängigkeit von der Frequenz

3.2 Berechnung der Gummikupplungen

Abmessungen:

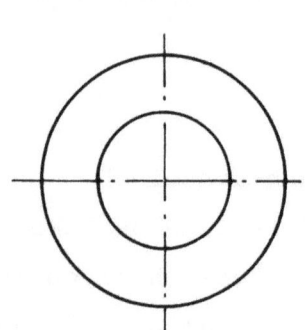 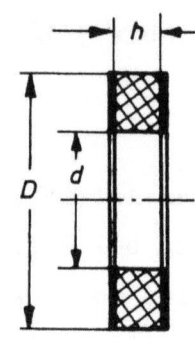

$D = 435$ [mm] $d = 170$ [mm]

h im vorgespannten Zustand

$h = 34$ [mm]

Formfaktor: $\dfrac{F}{F_m}$

F = belastete Oberfläche

F_m = unbelastete Oberfläche

$$F = \frac{(D^2 - d^2) \cdot \pi}{4} \; ; \quad F_m = \pi \cdot h \cdot (D + d) \; [cm^2]$$

$F = 1258{,}5$ $[cm^2]$; $F_m = 645{,}9$ $[cm^2]$;

$\dfrac{F}{F_m} = 1{,}93$;

Schubspannung als Funktion des Drehmomentes

$$\tau = \frac{M_d}{W_p} = \frac{16 \cdot M_d \cdot D}{\pi \cdot (D^4 - d^4)} \quad [kg/cm^2]$$

$$\tau = 6{,}3 \cdot 10^{-5} \cdot M_d \quad [kg/cm^2]$$

Schubspannung als Funktion der Schubverformung

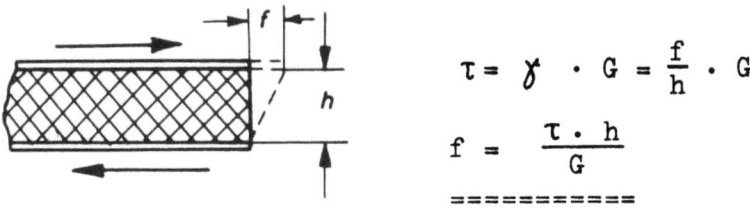

$$\tau = \gamma \cdot G = \frac{f}{h} \cdot G$$

$$f = \frac{\tau \cdot h}{G}$$

Federkonstante c unter Parallelschub

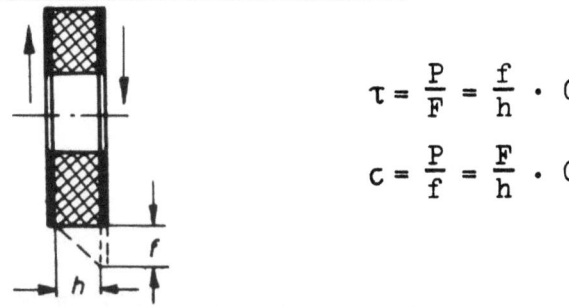

$$\tau = \frac{P}{F} = \frac{f}{h} \cdot G$$

$$c = \frac{P}{f} = \frac{F}{h} \cdot G$$

Nach der angeführten Tabelle ist der Schubmodul für eine Gummiqualität mit 60 Shore, die der Gummikupplung A 560 entspricht 7 $[kg/cm^2]$. Nach Mitteilung der Herstellerfirma kann aber mit G = 9 $[kg/cm^2]$ bei A 560 gerechnet werden. Damit ergibt sich die Federkonstante für die betreffende Qualität zu

$$c = \frac{1258,5}{3,4} \cdot 9 = 3331 \ [kg/cm] \text{ für einen Kupplungsring.}$$

Für die Gummikupplung einer Achse:

$$c_{ges} = 6662 \ [kg/cm]$$

Verdrehwinkel als Funktion des Drehmomentes

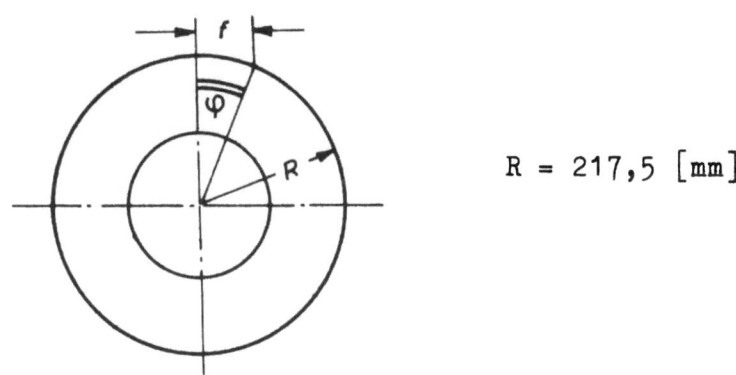

R = 217,5 [mm]

$$\varphi = \frac{f}{R} \text{ (Bogenmaß)}; \quad \varphi = \frac{\tau \cdot h}{G \cdot R}; \quad \tau = 6,3 \cdot 10^{-5} M_d;$$

$$\varphi = \frac{6,3 \cdot 10^{-5} \cdot M_d \cdot h}{G \cdot R}$$

$$\varphi = 1{,}1 \cdot 10^{-6} \cdot M_d \; [\text{kg cm/Bg}]$$

$$\varphi = 6{,}3 \cdot 10^{-5} \cdot M_d \; [\text{kg cm/grad}]$$

Federkonstante c_t bei Verdrehung

$$c_t = \frac{M_d}{\varphi} = \frac{10^{-3}}{6{,}3} = 158{,}83 \; [\text{kg m/grad}]$$

Für eine Achse: $c_t = 317{,}66 \; [\text{kg m/grad}]$

$c_t = 18182{,}0 \; [\text{kg m/Bg}]$

3.3 Ermittlung der Kennlinien für die verschiedenen Gummiqualitäten und Eichung der Meßvorrichtung

Die im vorhergehenden Abschnitt berechneten Federwerte für die elastischen Kupplungen, mußten aufgrund des angenommenen Wertes für den Schubmodul als unsicher angesehen werden. Aus diesem Grunde wurden die Kennlinien für die verschiedenen Gummiqualitäten bei Verdreh- und Parallelschubbeanspruchungen versuchsmäßig bestimmt. Die Versuchseinrichtung ist aus Abbildung 15 zu ersehen. Sie dient der Ermittlung der Kennlinien für die Verdrehschubbeanspruchung.

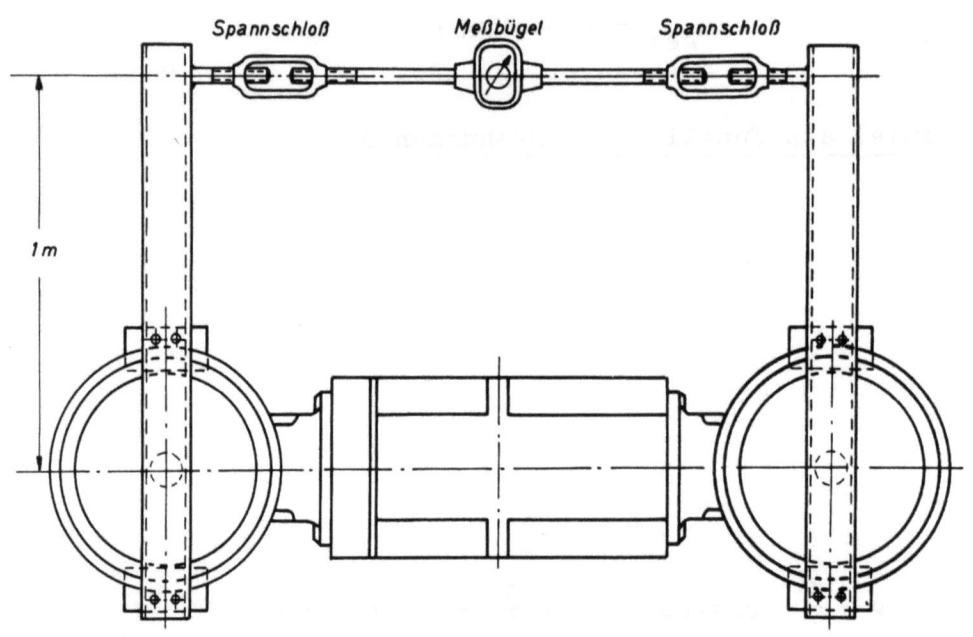

Abbildung 15

Versuchseinrichtung zur Ermittlung von Kennlinien verschiedener Gummiqualitäten

Bei dem an den vier Achslagern aufgebockten Drehgestell wurden an den beiden Rädern einer Drehgestellseite starke U-Eisen derart befestigt, daß von Achsmitte aus gemessen, an jedem der Räder ein senkrecht stehender Hebelarm von 1,0 m gebildet wurde. Die beiden Hebelarme wurden durch eine Zugstange verbunden, in die zwei Spannschlösser und ein geeichter Kraftmesser eingeschaltet waren, die die Einleitung und Messung von Zugkräften bis zu 2000 kg ermöglichten. An den Scheibenpaaren der Achsen I und II wurden die Verschiebungen der Scheiben gegeneinander durch Meßuhren festgestellt. Die Geber 3 und 5 waren über Verstärker an die Schleifen des Lichtpunkt-Linienschreibers angeschlossen.

Die Belastung wurde zügig in Stufen von 125 kg aufgebracht. In den gleichen Stufen wurde entlastet. Zugleich wurden die Werte an den Meßuhren der Scheibenpaare abgelesen und die Ausschläge des Lichtpunkt-Linienschreibers auf lichtempfindlichem Papier registriert. Die an den Meßuhren abgelesenen Werte wurden auf den Radius des Gebers reduziert (r_G = 165mm).

Die auf den Radius des Gebers bezogenen Verschiebungswege wurden mit den Ausschlägen des Lichtpunkt-Linienschreibers verglichen. Ferner wurde zur Vergleichsmessung die Feder eines ausgebauten Gebers mit einer Mikrometerschraube durchgebogen und die entsprechenden Werte ebenfalls auf dem Lichtpunkt-Linienschreiber aufgenommen.

Alle diese Meßwerte wurden in einer Eichkurve vereinigt. Darin sind die Verschiebungswege der Scheiben gegeneinander, bezogen auf den Radius des Gebers, in Abhängigkeit zu den Drehmomenten an der Achse gesetzt.

Die Federwerte für reinen Parallelschub wurden ebenfalls versuchsmäßig bestimmt. Dabei wurden die Räder des Drehgestells festgelegt und der in den Gummikupplungen hängende Motor-Getriebeblock stufenweise senkrecht belastet. Die Parallelverschiebung der Scheibenpaare wurde mit Meßuhren und mittels der elektronischen Geber ermittelt.

Die Versuche wurden mit den Gummikupplungsqualitäten A 560, Mg 350 und Mg 660 durchgeführt (Abb.16 bis 21).

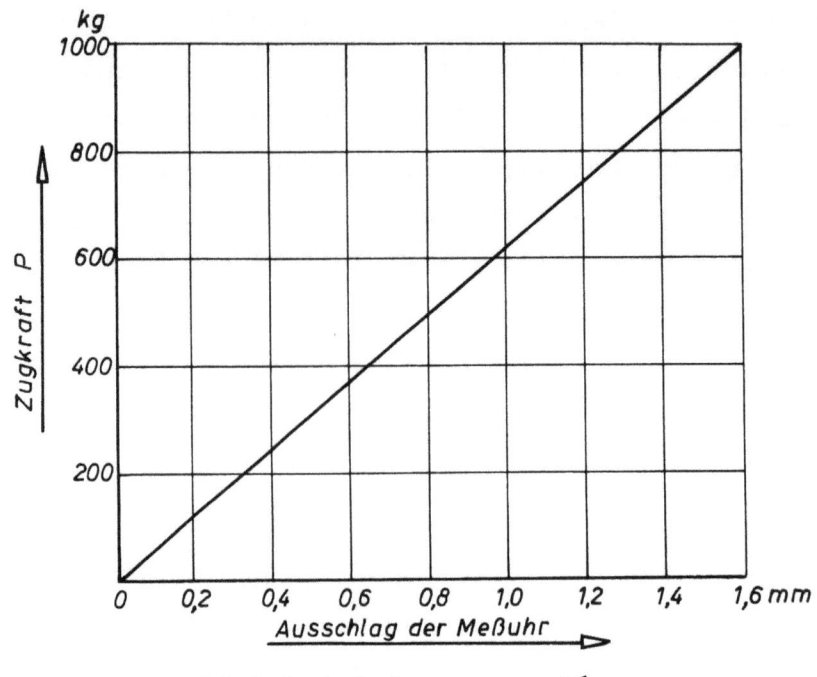

Abbildung 16

Eichkurve für den Meßbügel

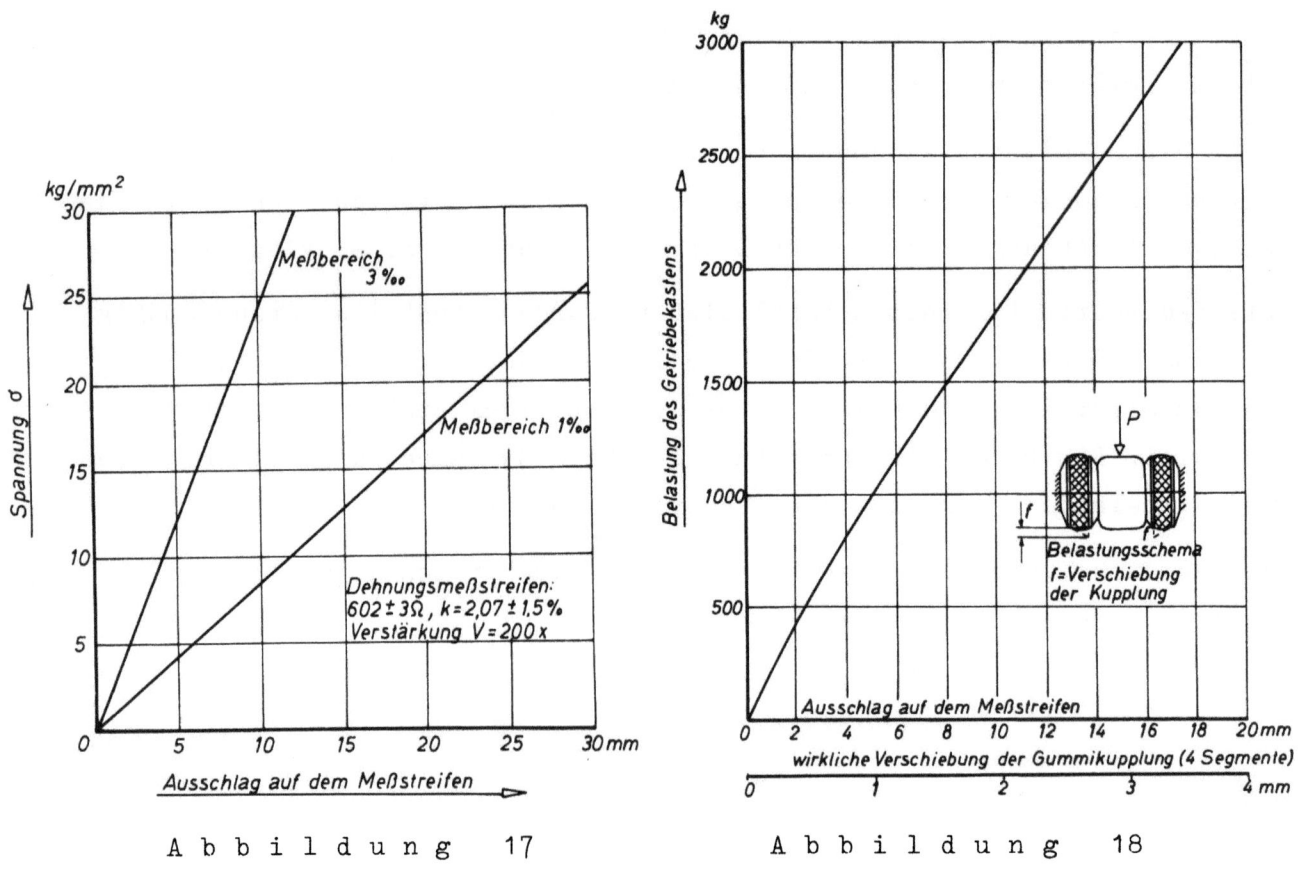

Abbildung 17

Eichkurve für Spannungsmessungen mittels Dehnmeßstreifen

Abbildung 18

Federcharakteristik bei reinem Parallelschub

Statische Kennlinie der Gummisegmente einer Achse bei Verdrehungsbeanspruchung für:

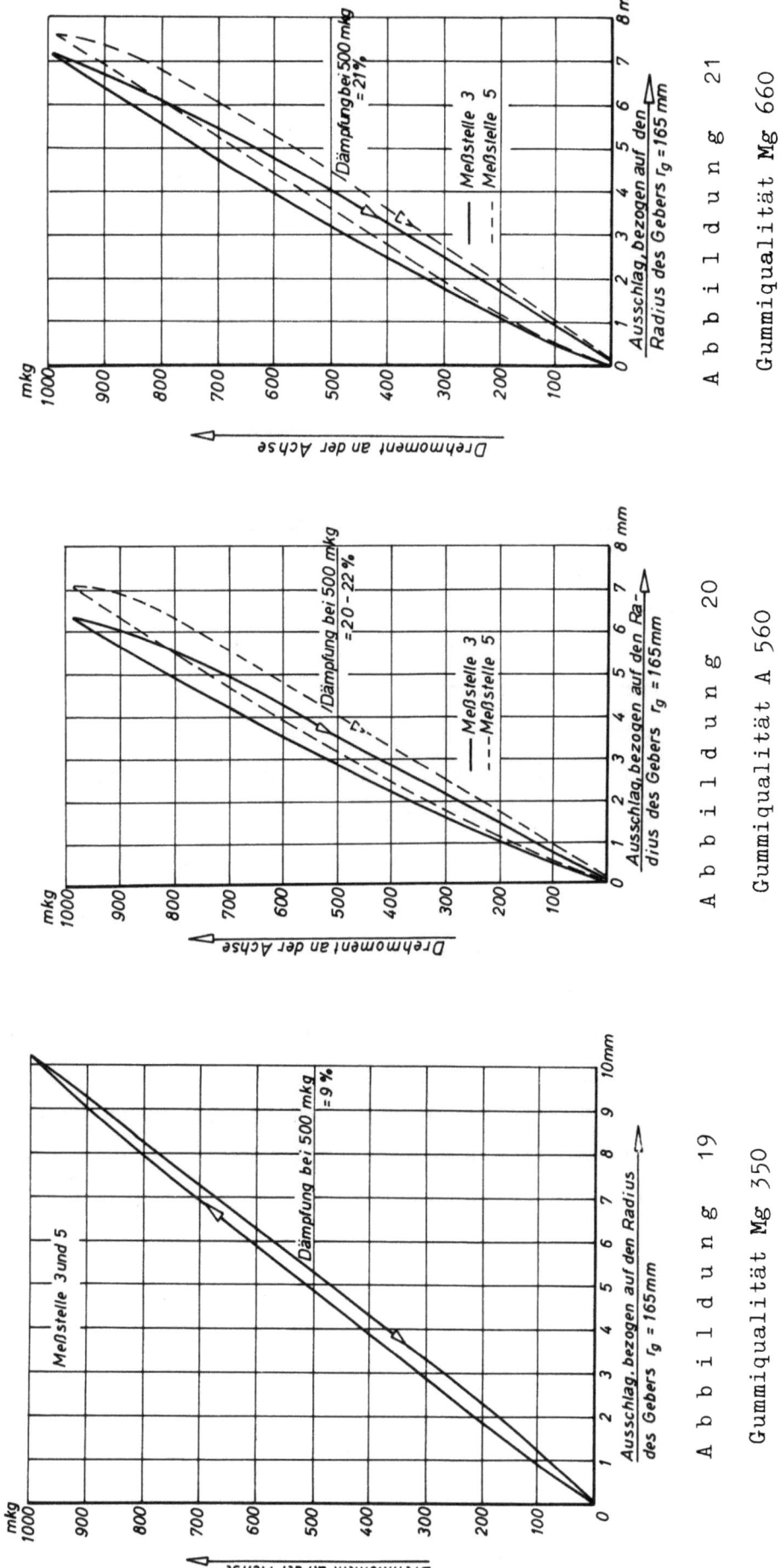

Abbildung 19
Gummiqualität Mg 350

Abbildung 20
Gummiqualität A 560

Abbildung 21
Gummiqualität Mg 660

4. Versuchsdurchführung

Die Versuche wurden mit dem am Anfang der Arbeit schon beschriebenen 4-achsigen Großraum-Straßenbahntriebwagen mit DÜWAG-Achsantrieb durchgeführt. Das Fahrzeug wurde vorerst allgemein bei folgenden Verhältnissen untersucht:

- a) Normaler Fahrbetrieb im Stadtverkehr mit Anfahren und Bremsen vorwärts und rückwärts.
- b) Dasselbe wie unter a) nur auf Überlandstrecken.
- c) Weichenfahrten.
- d) Kreuzungsfahrten.
- e) Auslaufversuche vorwärts und rückwärts.
- f) Bremsfahrten.

Nach Durchführung des Versuchsprogramms konnte festgestellt werden, daß die zu untersuchenden Erscheinungen vorwiegend bei motorischer Bremsung auftreten. Aus diesem Grunde wurden die Verhältnisse beim Bremsvorgang besonders eingehend untersucht. Die Untersuchungen wurden unter folgenden Bedingungen durchgeführt:

- I. Bremsfahrten mit und ohne Sandung nur mit Motorbremse.
- II. Bremsfahrten wie unter I) mit Motor- und Zusatzbremse.
- III. Bremsfahrten mit Raddurchmesserunterschieden. Dabei war der Laufkreisdurchmesser des voranlaufenden Radsatzes 4 mm kleiner.

Die Versuche wurden mit den elastischen Getriebekupplungen Mg 350, A 560 und Mg 660 und der besonders für diese Untersuchungen von den Phönix-Gummiwerken angefertigten Gummikupplung Mg 670 durchgeführt. Im folgenden werden die Pausen der Meßstreifen für die Gummikupplung A 560, die bisher serienmäßig bei den Straßenbahnen verwendet wurden, gezeigt. Die Originalstreifen können wegen des Schwärzungseffektes des Registrierpapiers bei Lichteinfall nicht beigefügt werden, sie liegen aber für sämtliche durchgeführten Versuchsfahrten für alle Gummiqualitäten vor.

(Die Anordnung der Meßstellen und die Bezeichnungen der aufgenommenen Kurven auf den Meßstreifen M 1; M 4; M 3; M 5; B 2; B 3; Sp 2; Sp 3; Sp 4; Sp 5; sind in der Abbildung 11 S. 19 erklärt.)

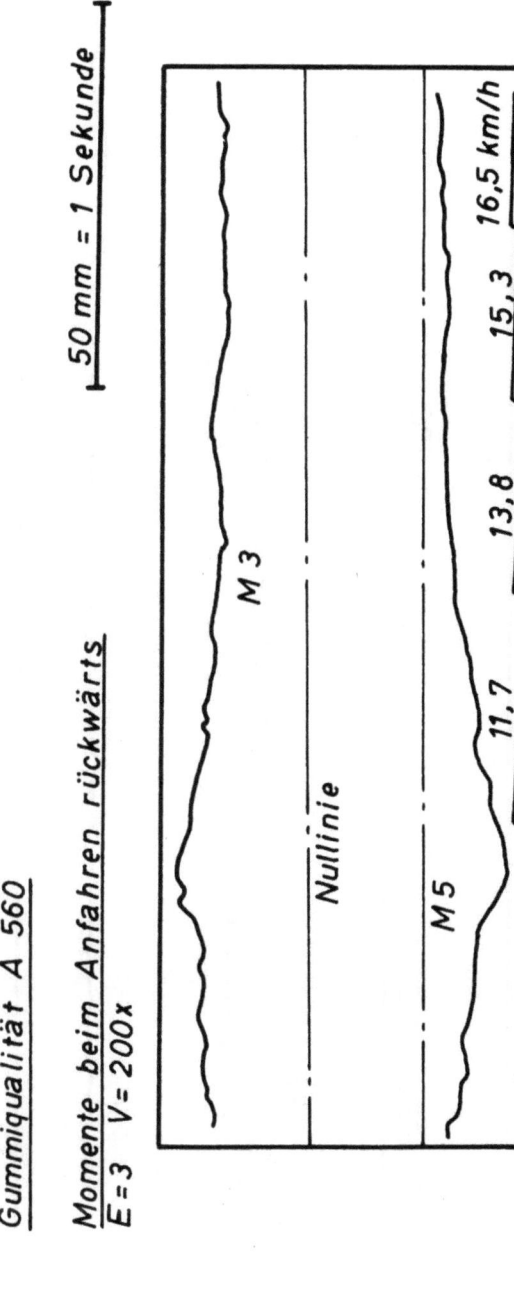

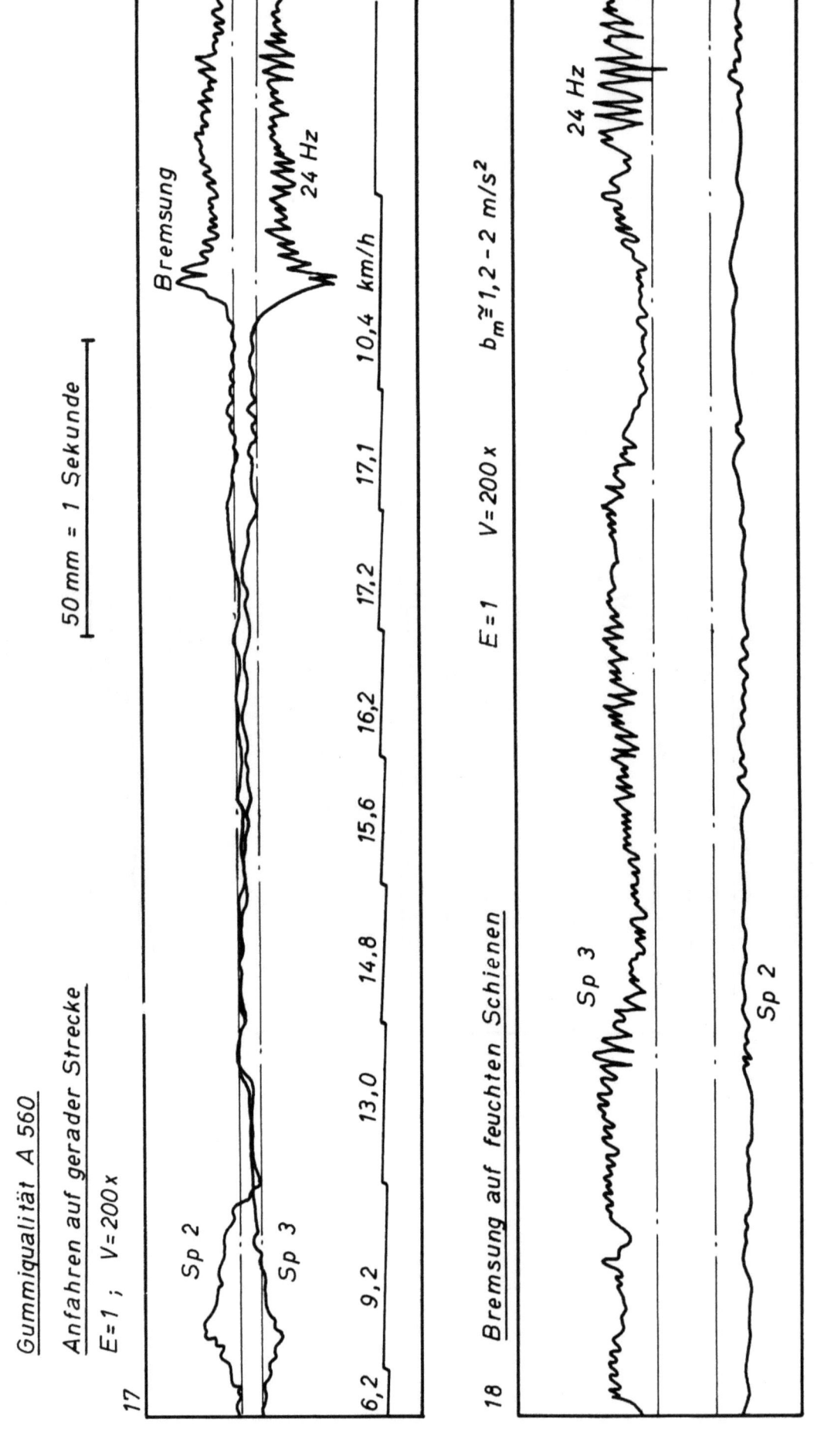

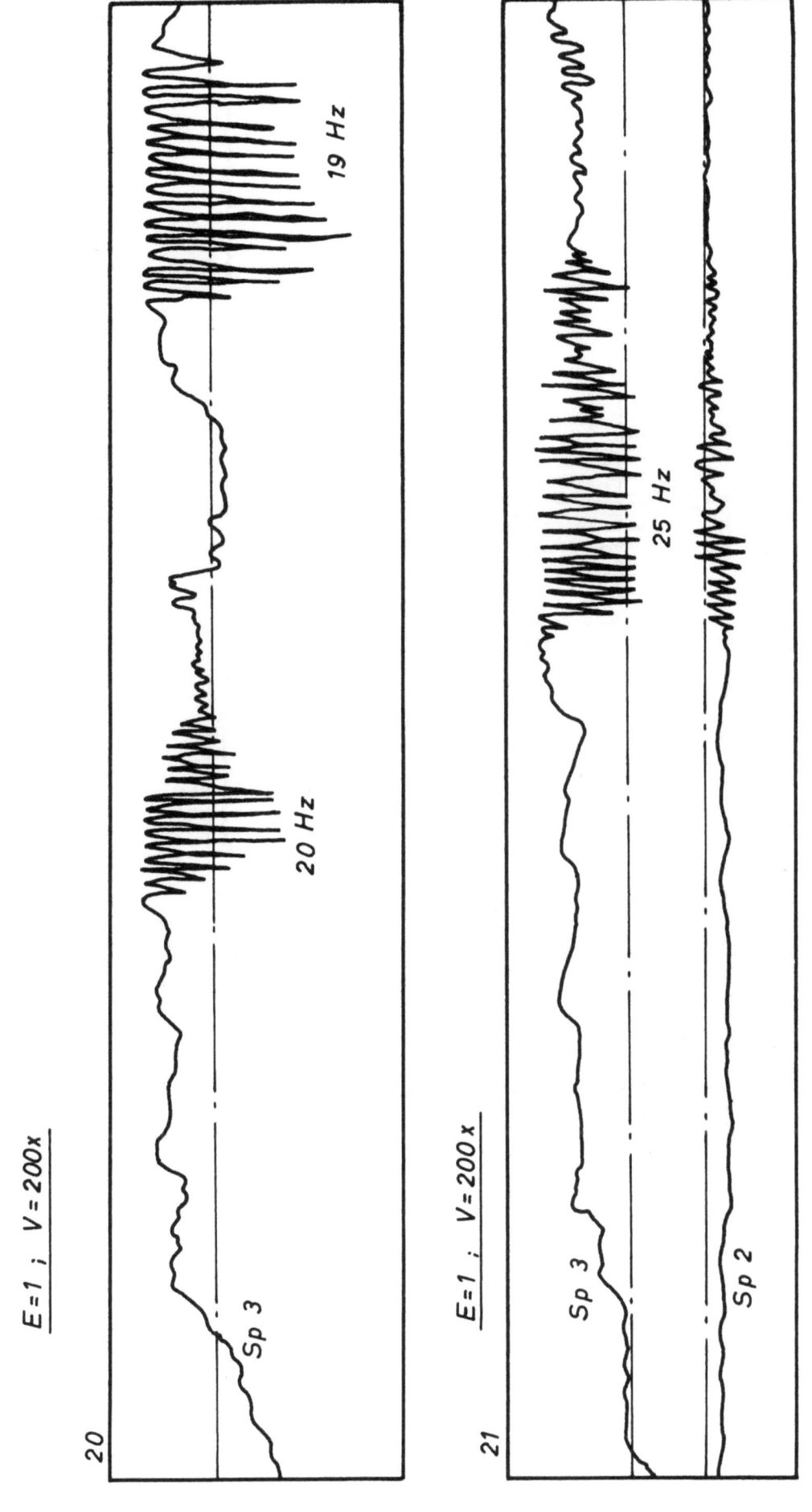

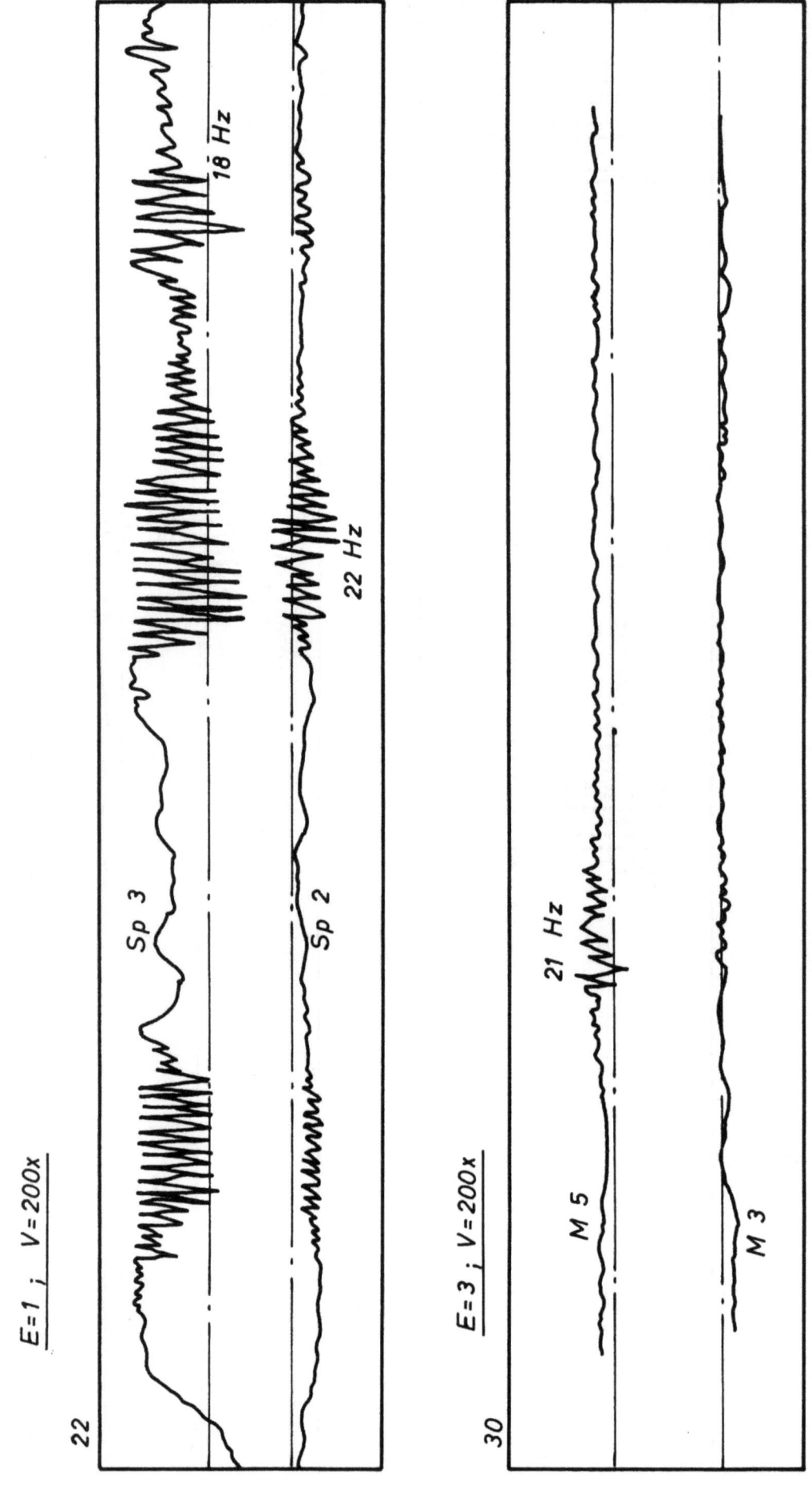

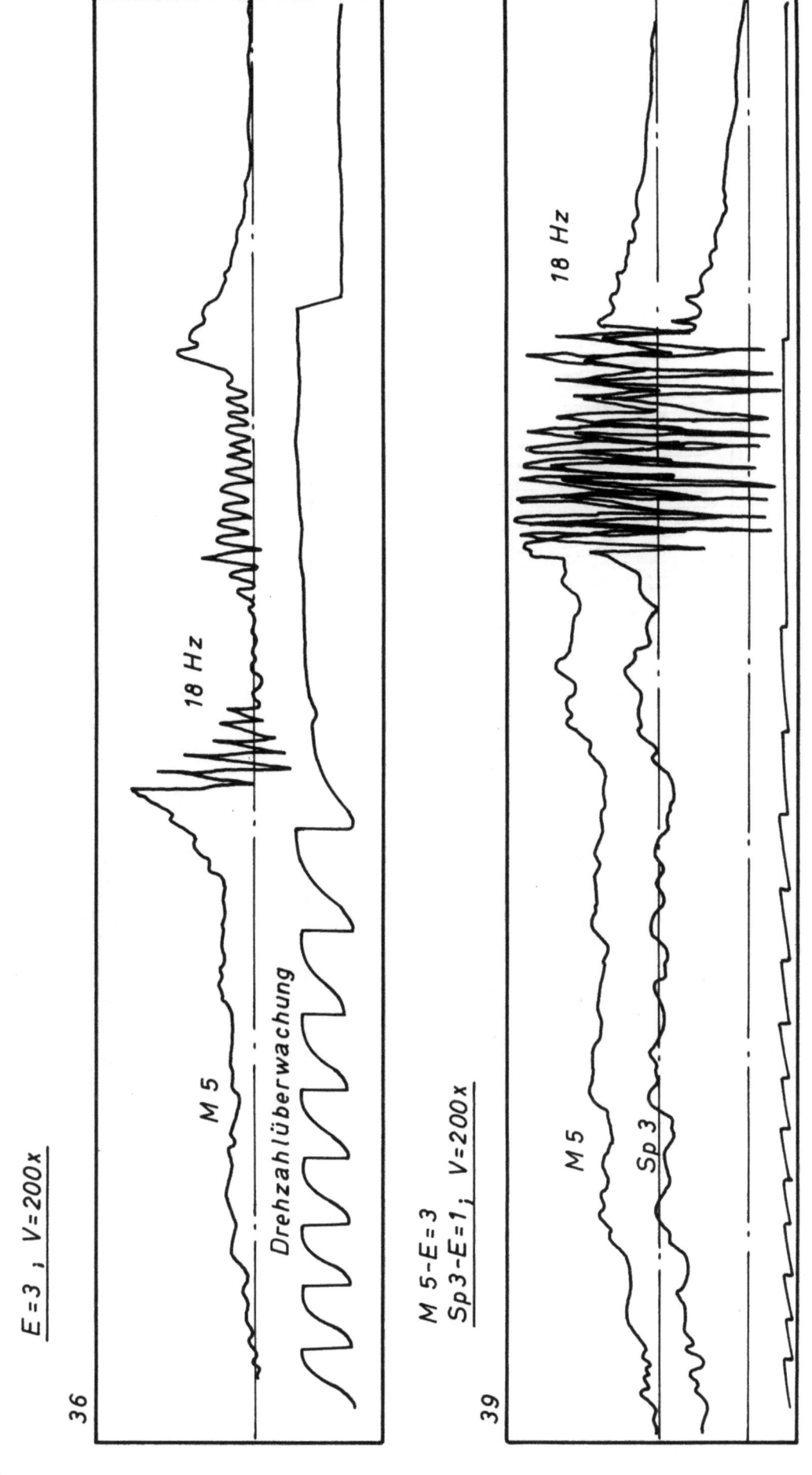

Seite 35

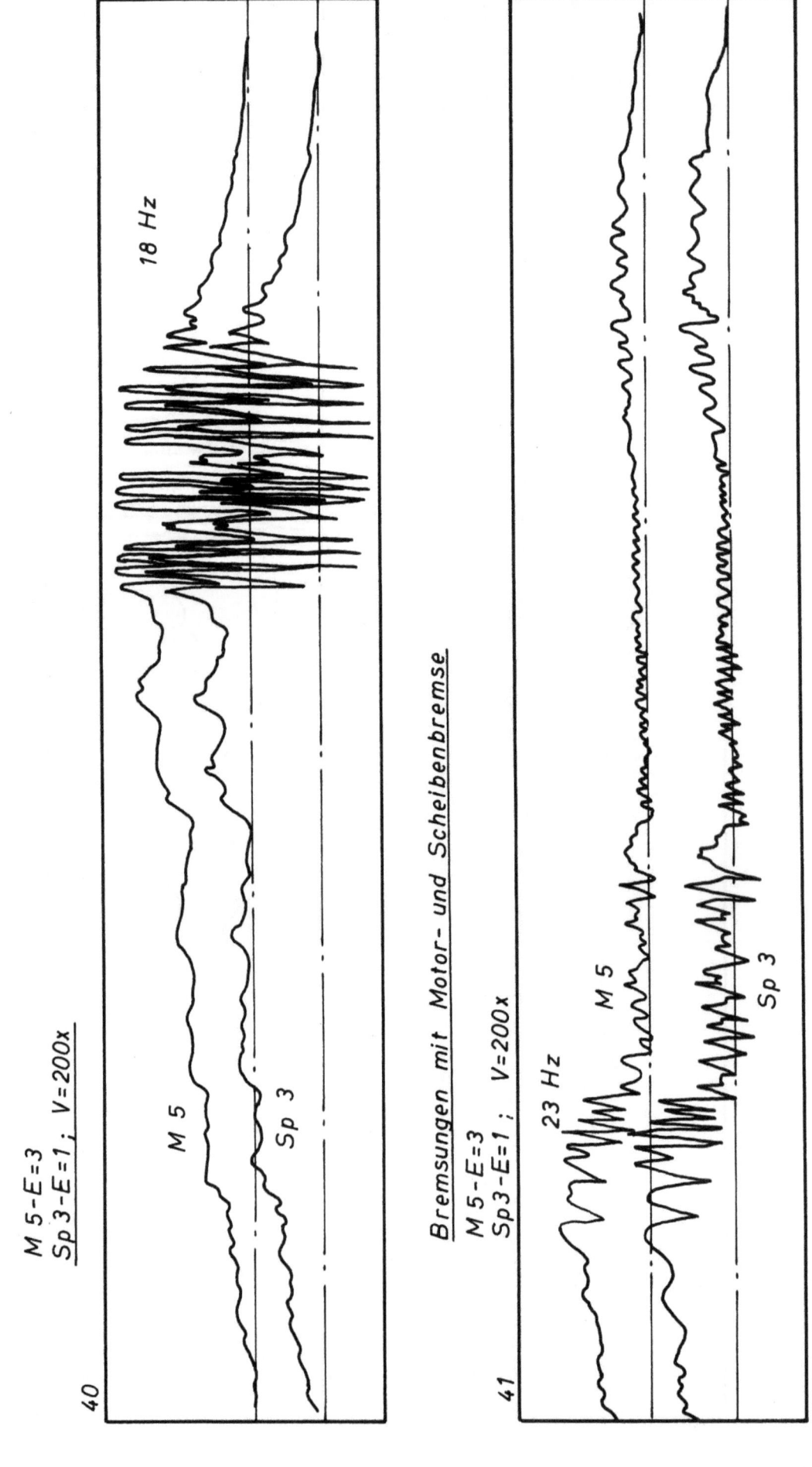

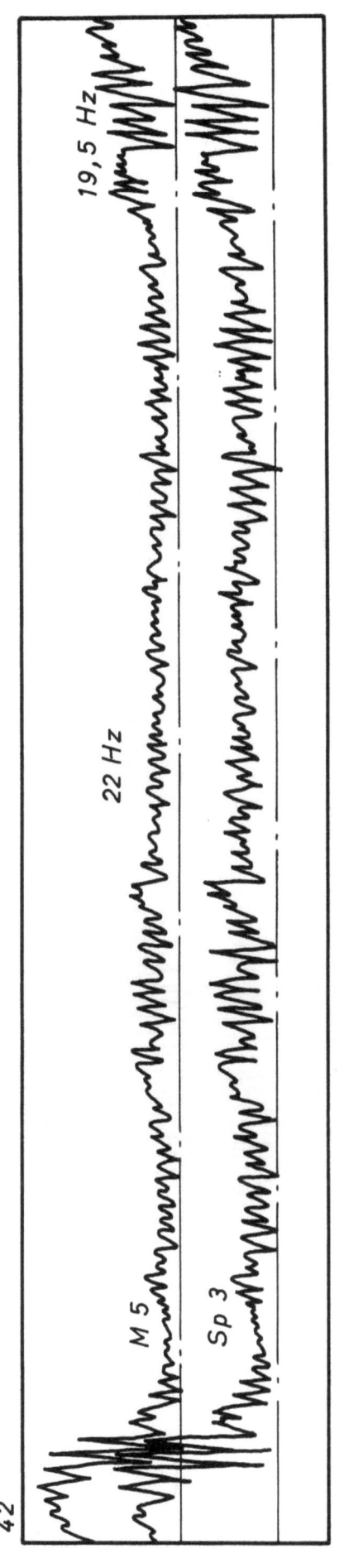

Wie Versuch 41; Schiene gesandet

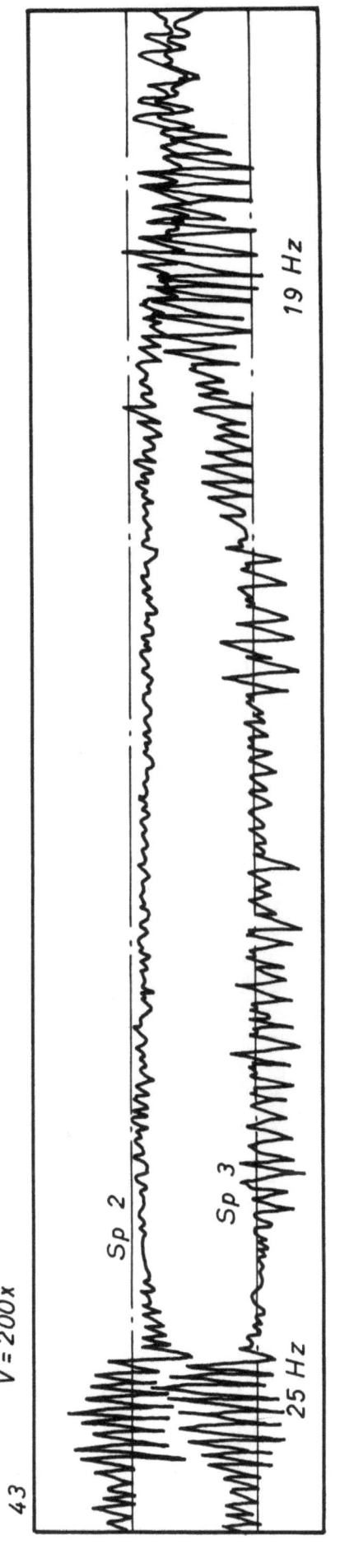

Bremsung mit Motor- und Scheibenbremse

$E = 1$
$V = 200x$

Seite 37

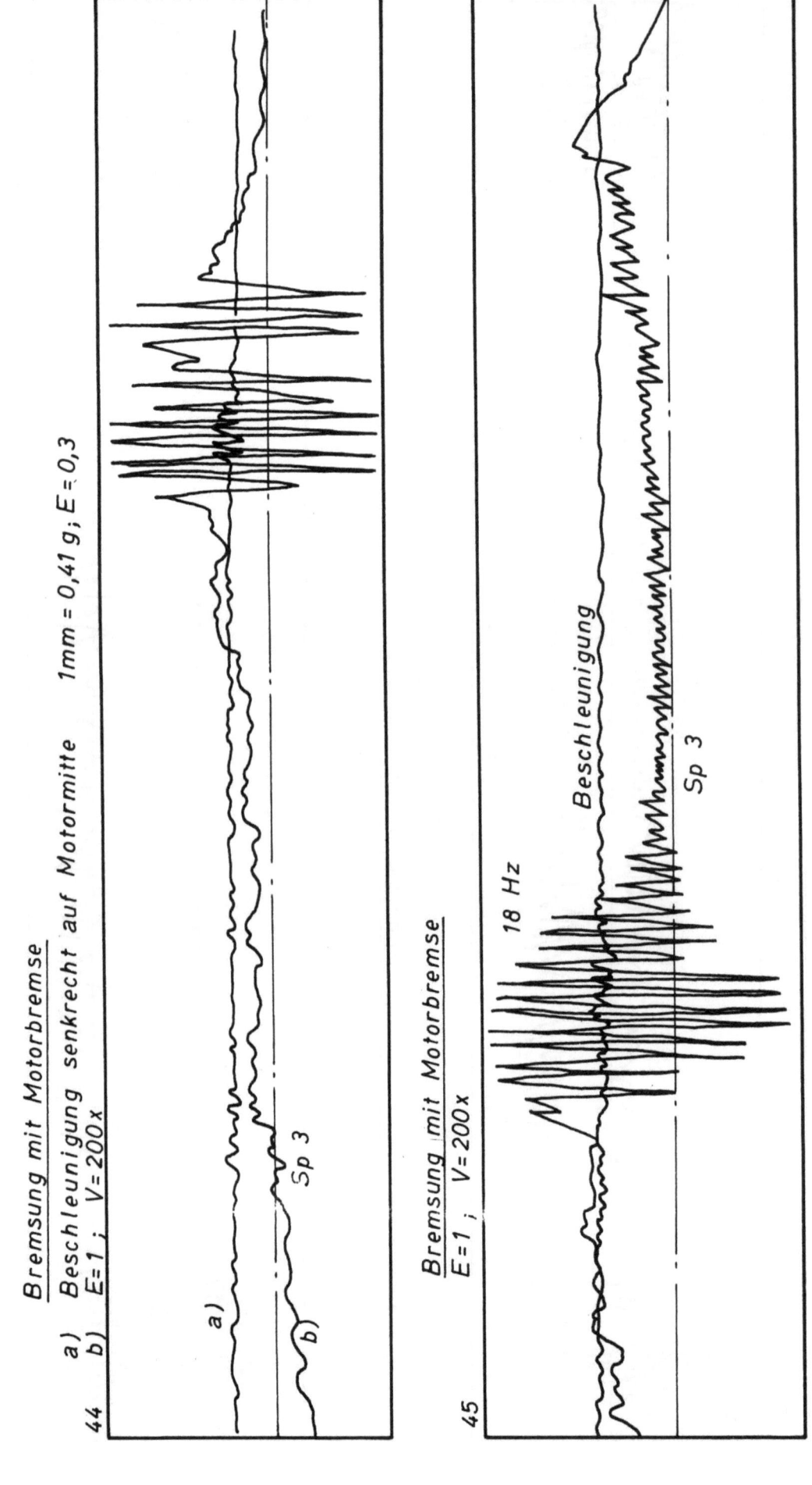

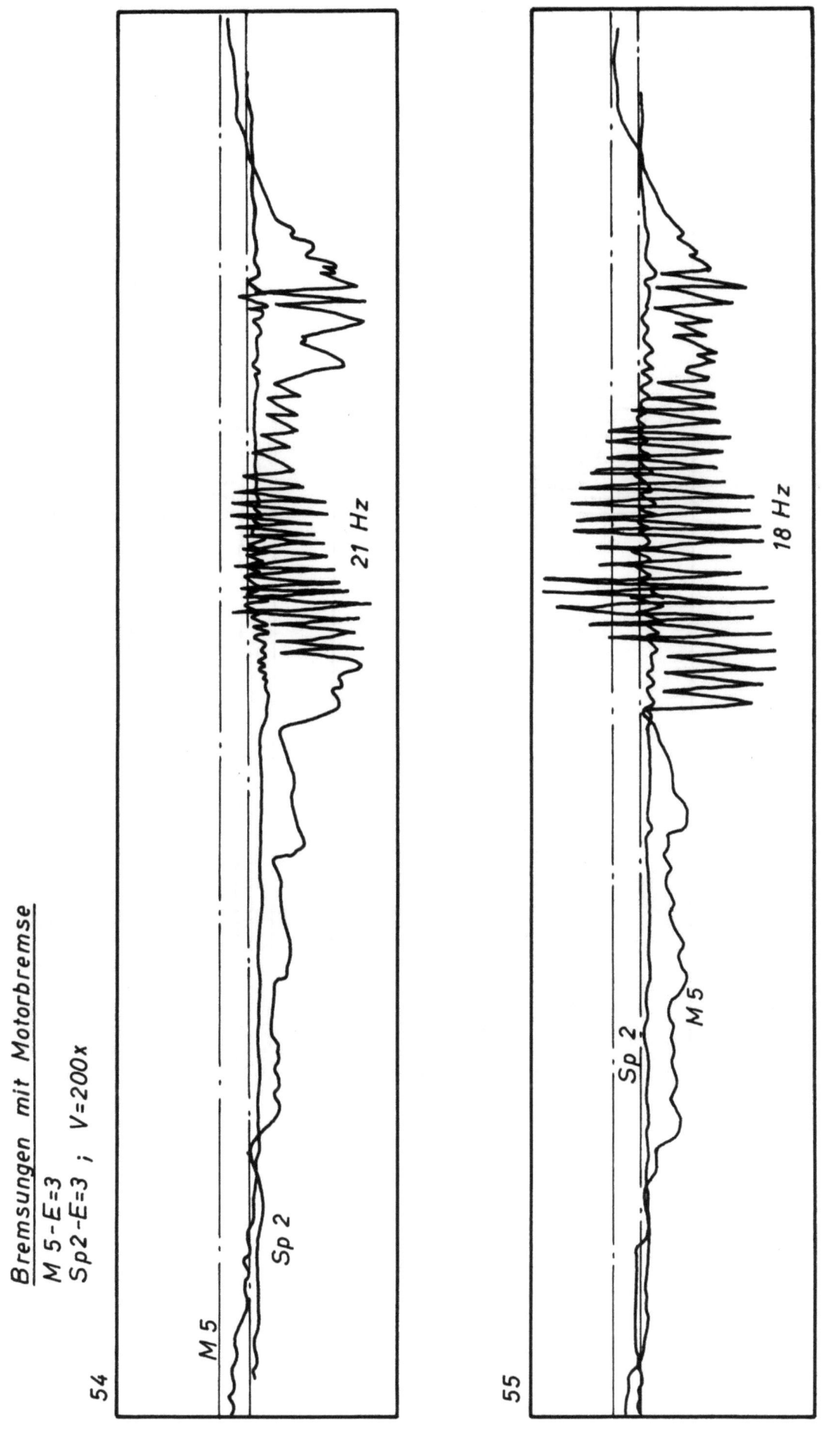

Bremsungen mit Motorbremse

56

Sp 4
M 5
20 Hz

57

Sp 5
M 5
19 Hz

E = 3 ; V = 200x

Seite 40

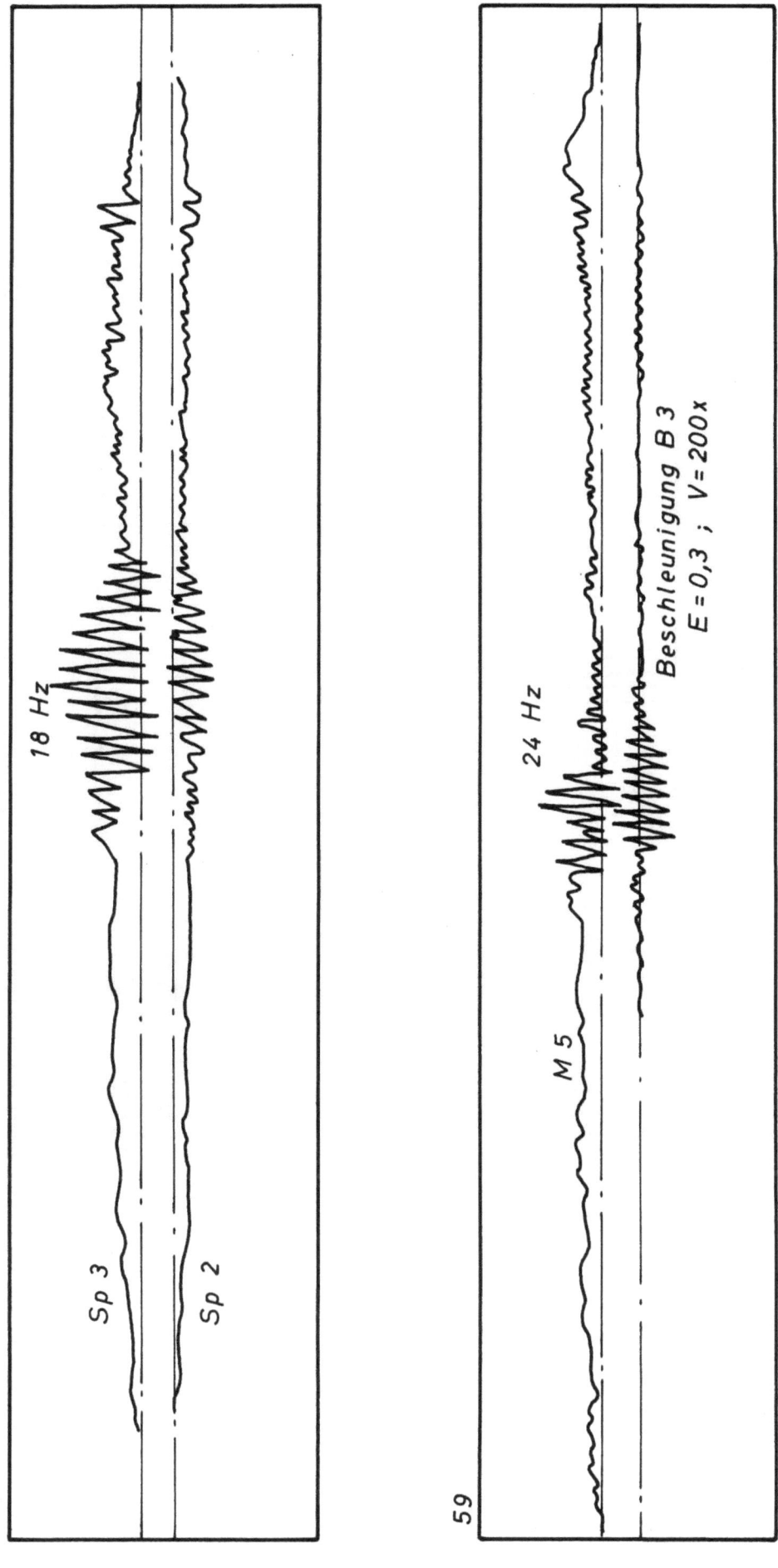

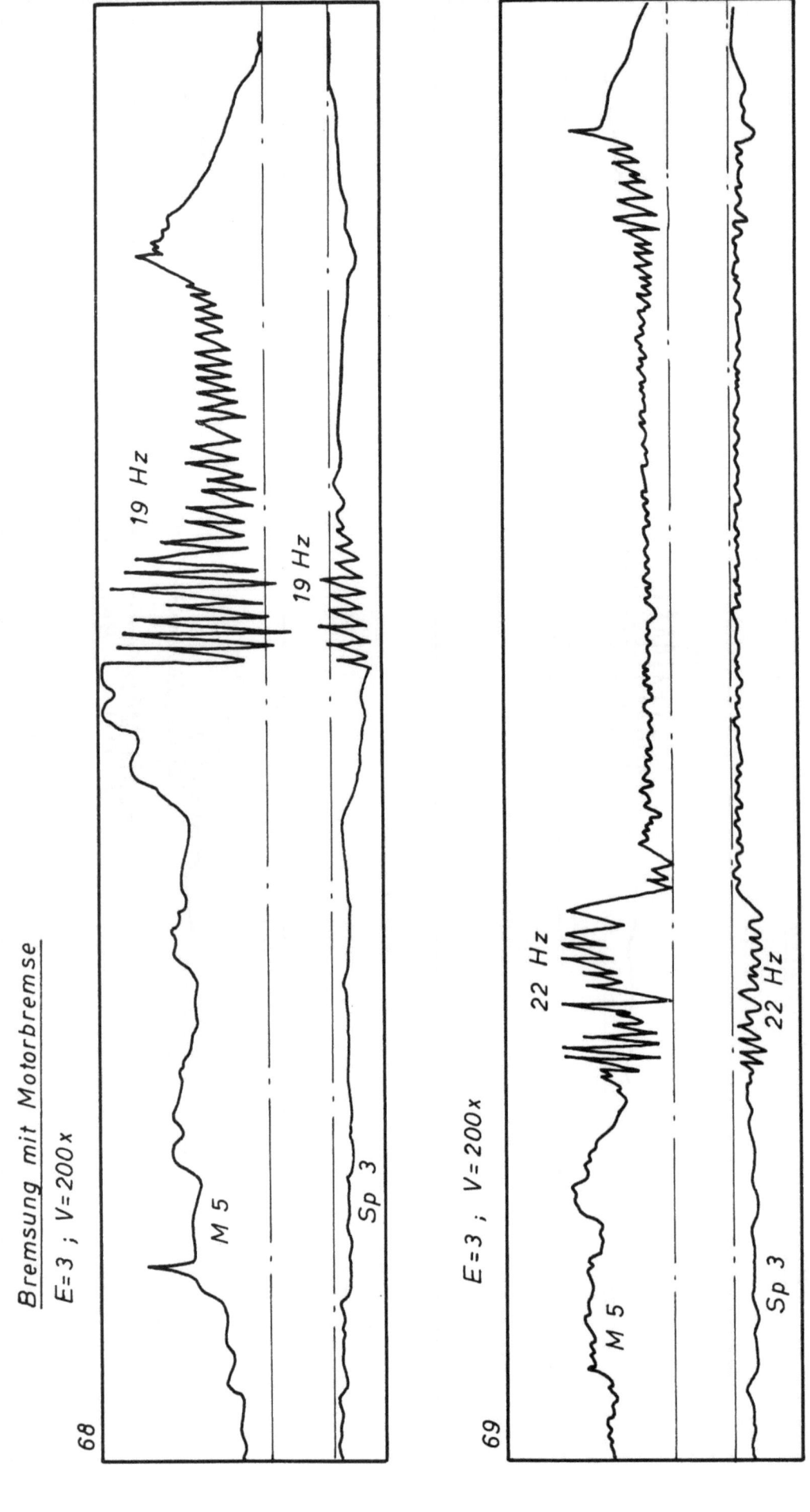

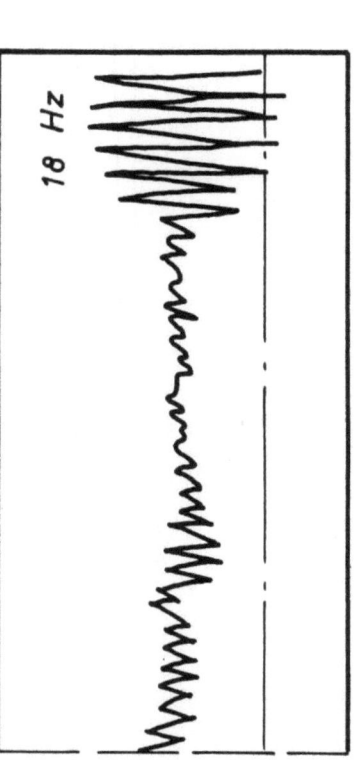

275

Bremsung mit Motorbremse
$E=3 \quad V=200x$

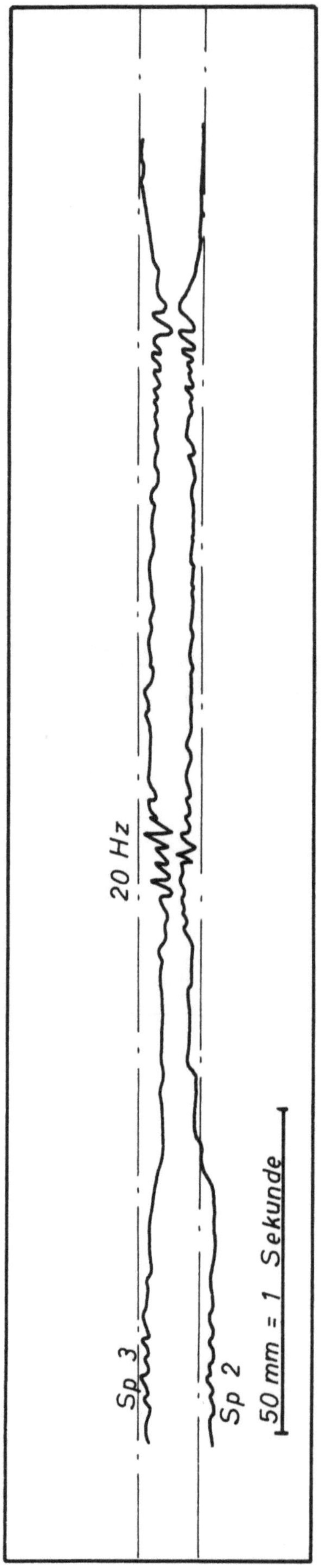

Sp 3
Sp 2
20 Hz
50 mm = 1 Sekunde

276

Bremsung ohne Sandung

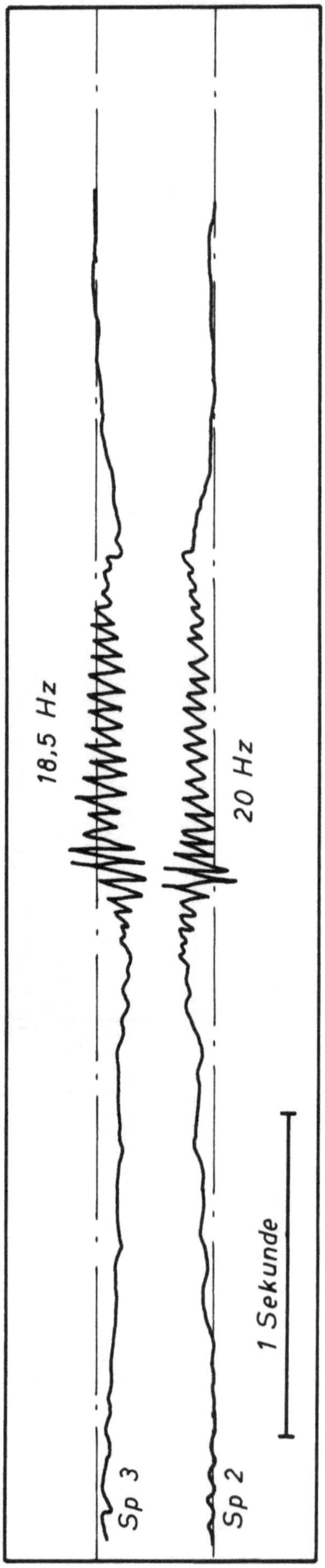

Sp 3
Sp 2
18,5 Hz
20 Hz
1 Sekunde

Bremsungen mit Motorbremse

20 Hz

Sp 3
Sp 2

1 Sekunde

277

Bremsungen mit Motorbremse ohne Sandung
E = 3 ; V = 200 x

18 Hz

Sp 3
Sp 2

1 Sekunde

278

Seite 45

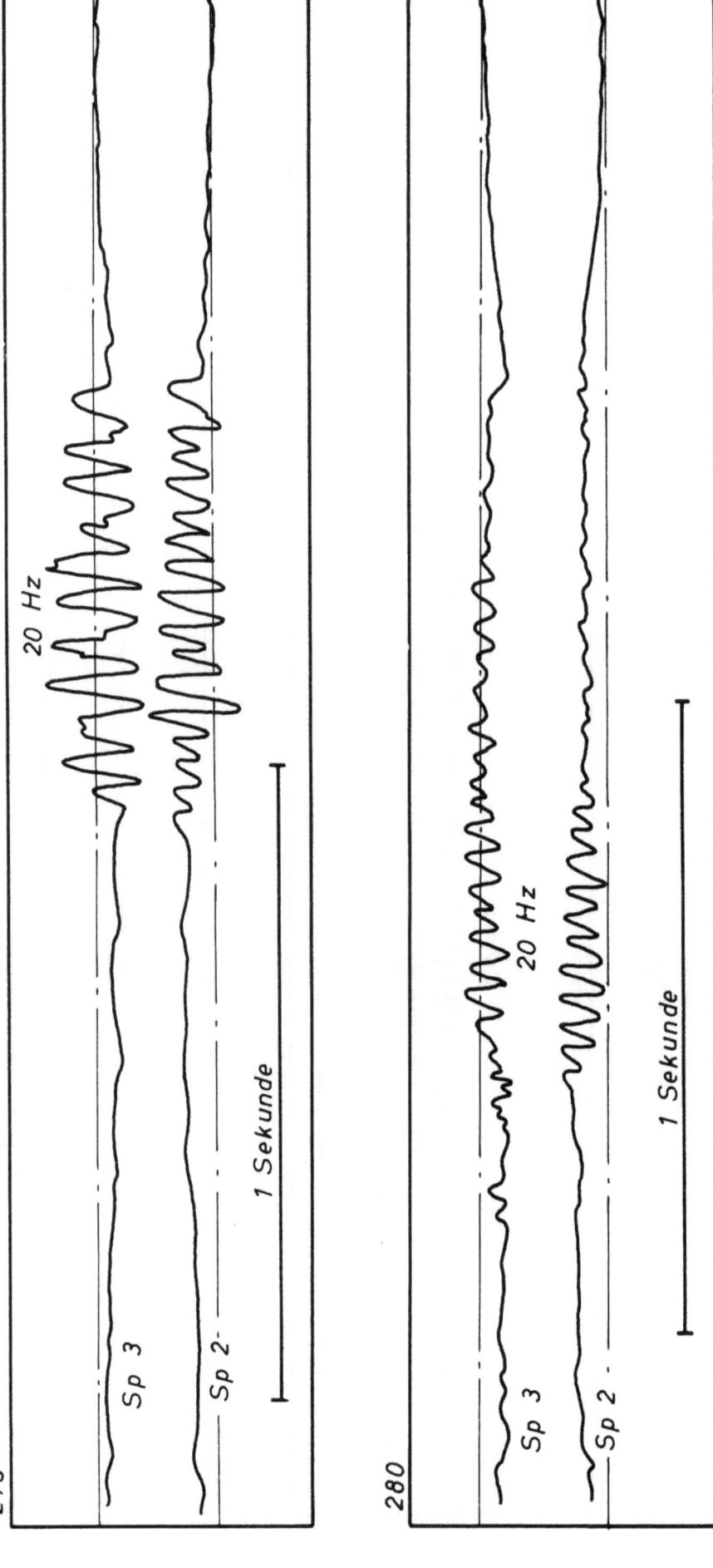

Seite 46

Bremsungen mit Motorbremse ohne Sandung

E = 3 ; V = 200x

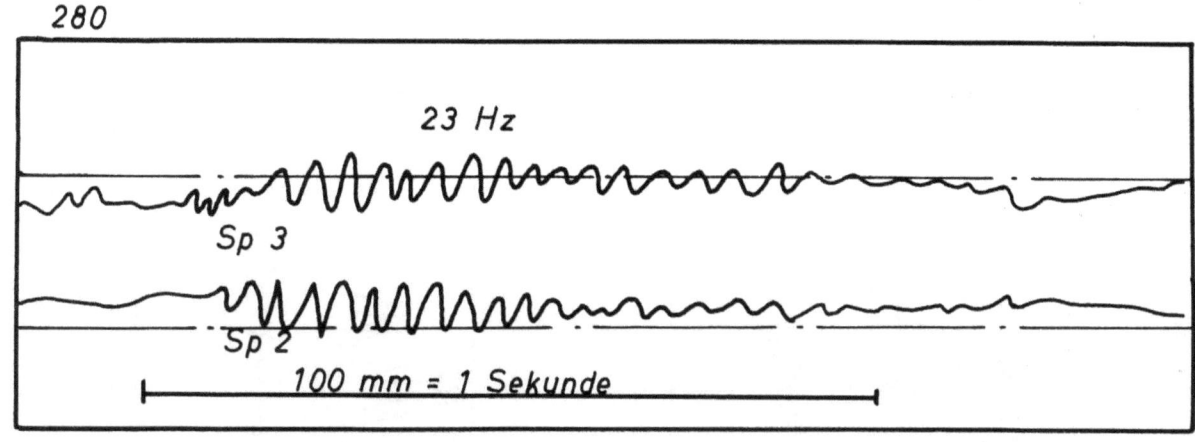

E = 3 ; V = 200x

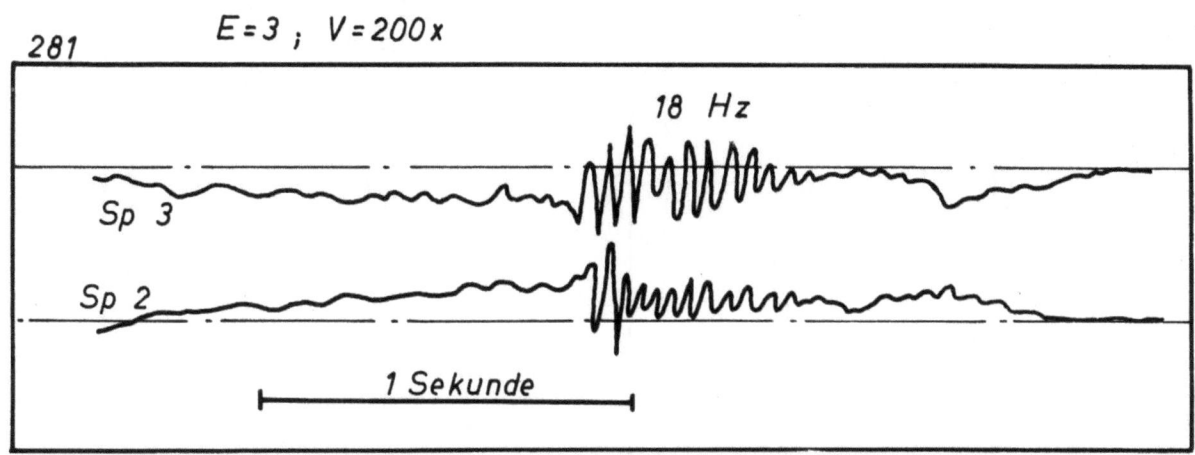

M 5 ; M 3 - E = 10 ; V = 200x

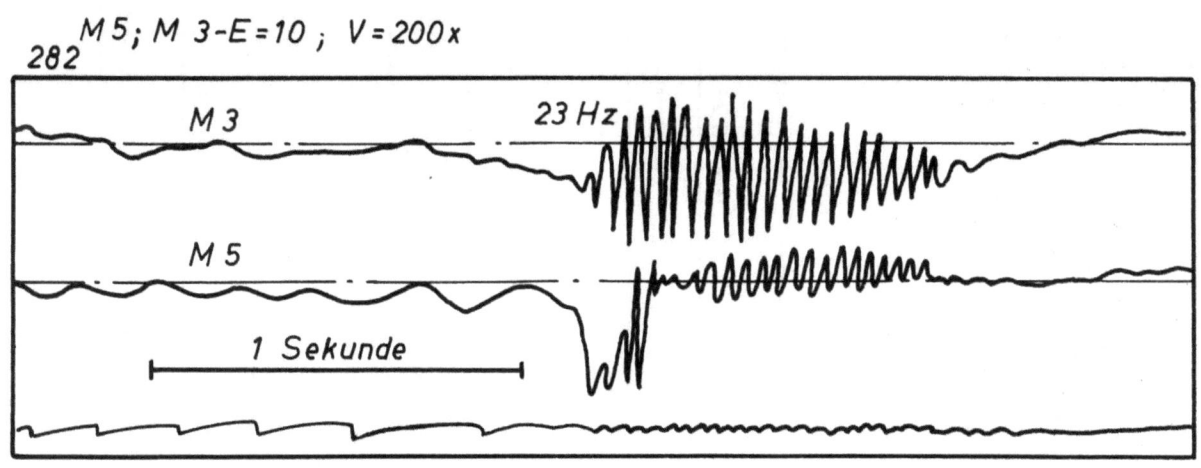

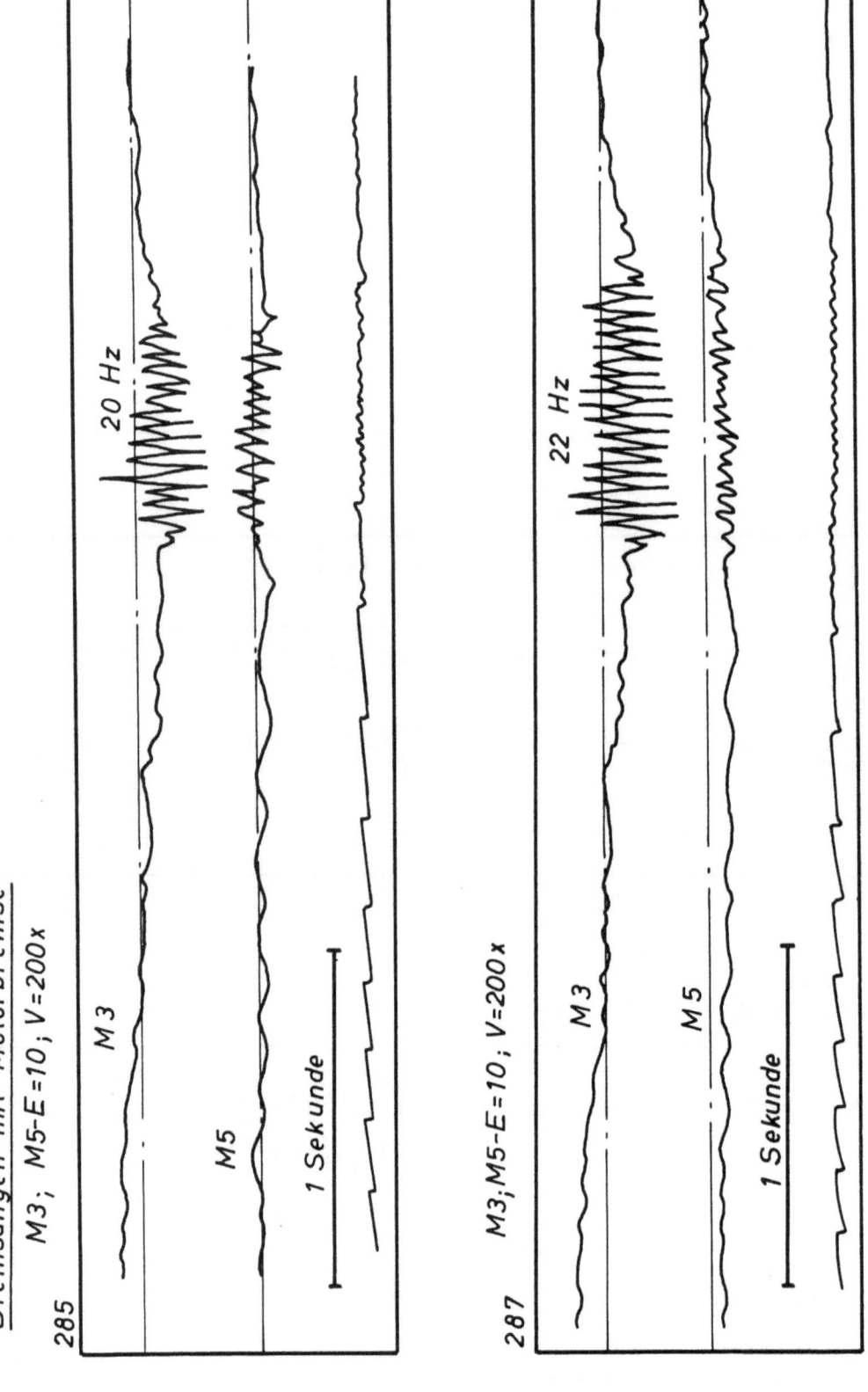

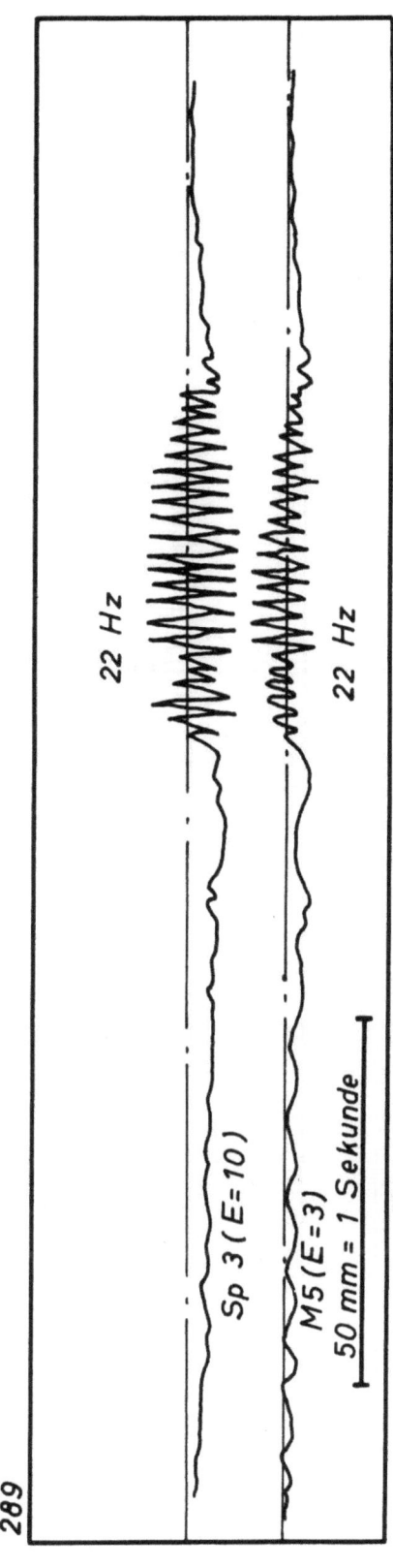

Bremsungen mit Motorbremse

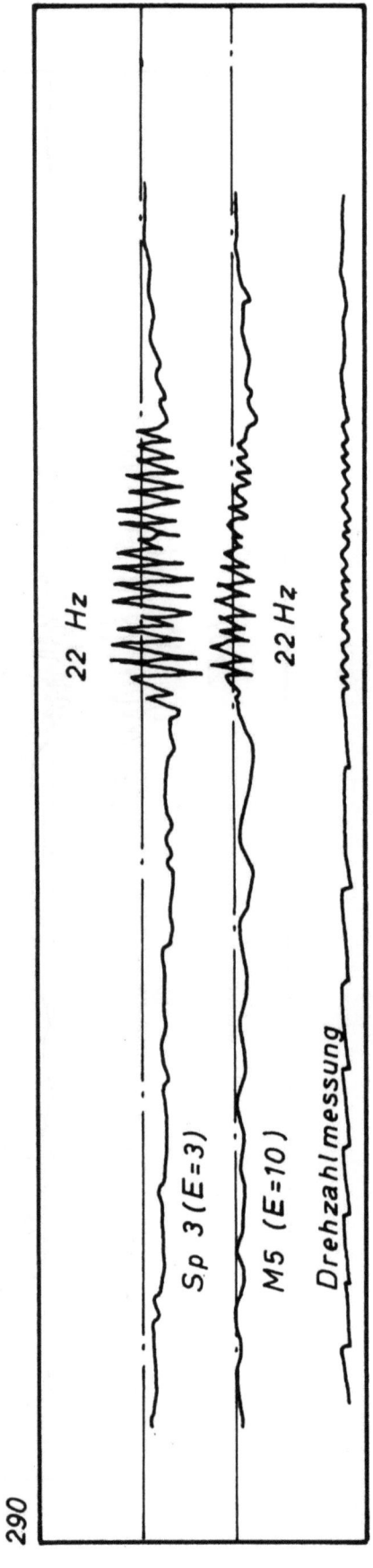
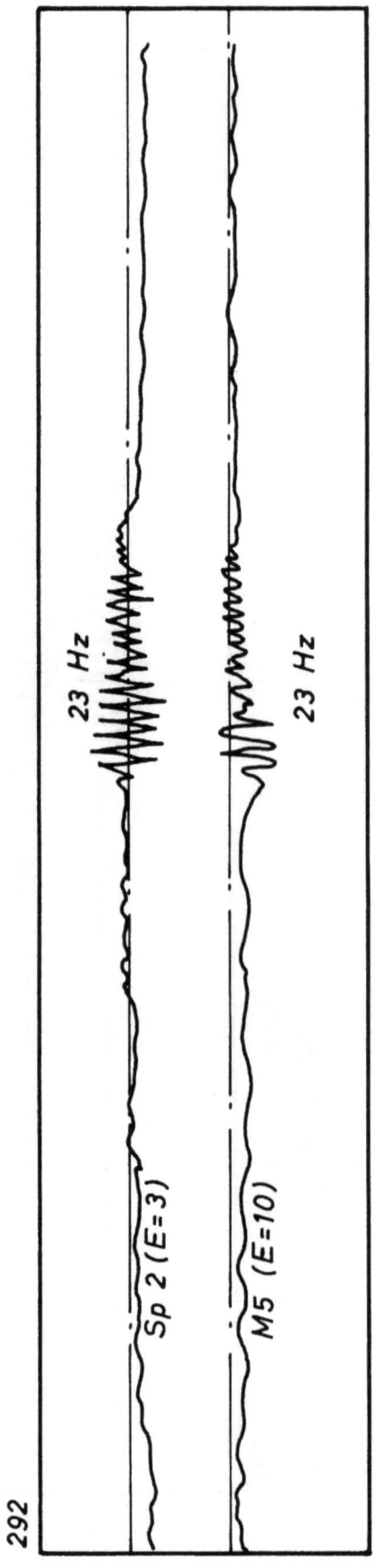

Bremsungen mit Motorbremse

293

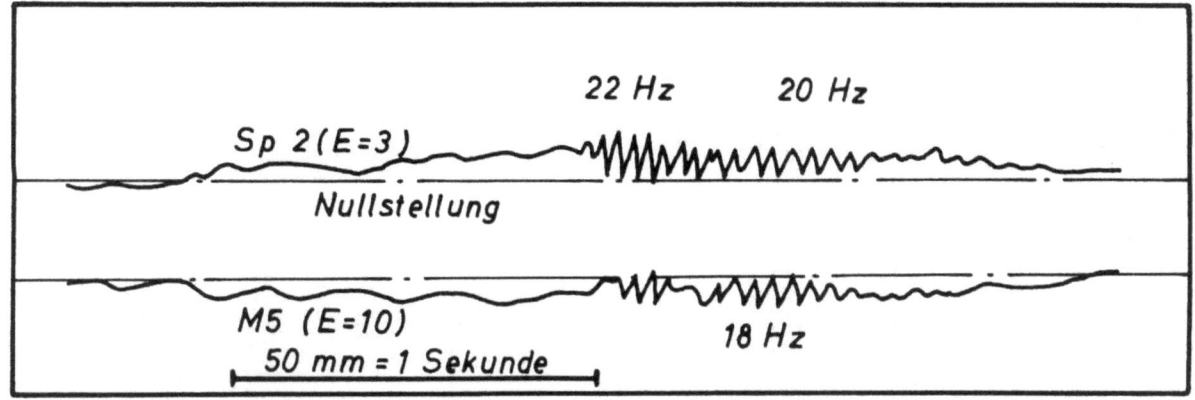

294

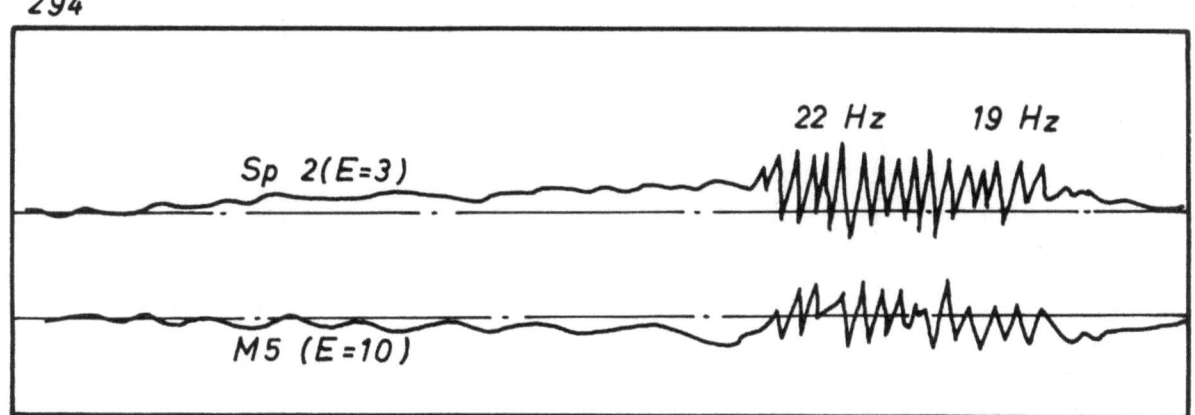

297

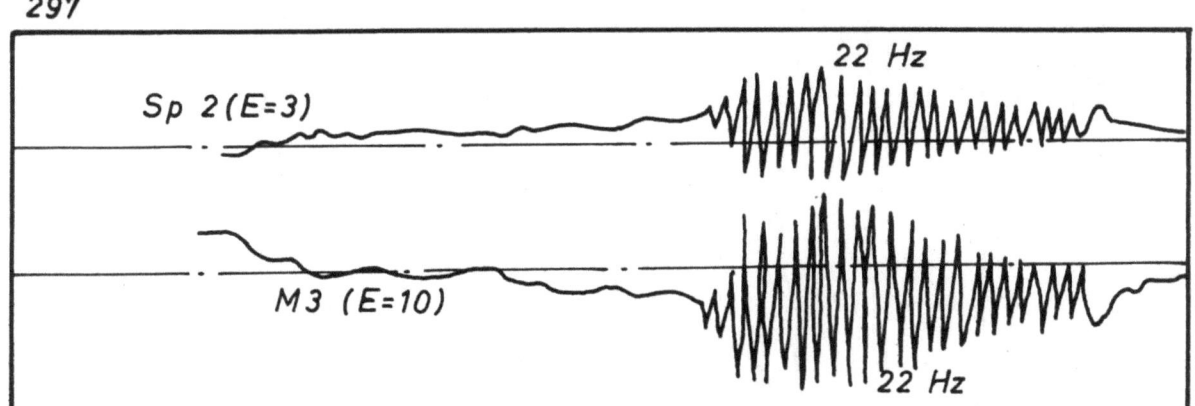

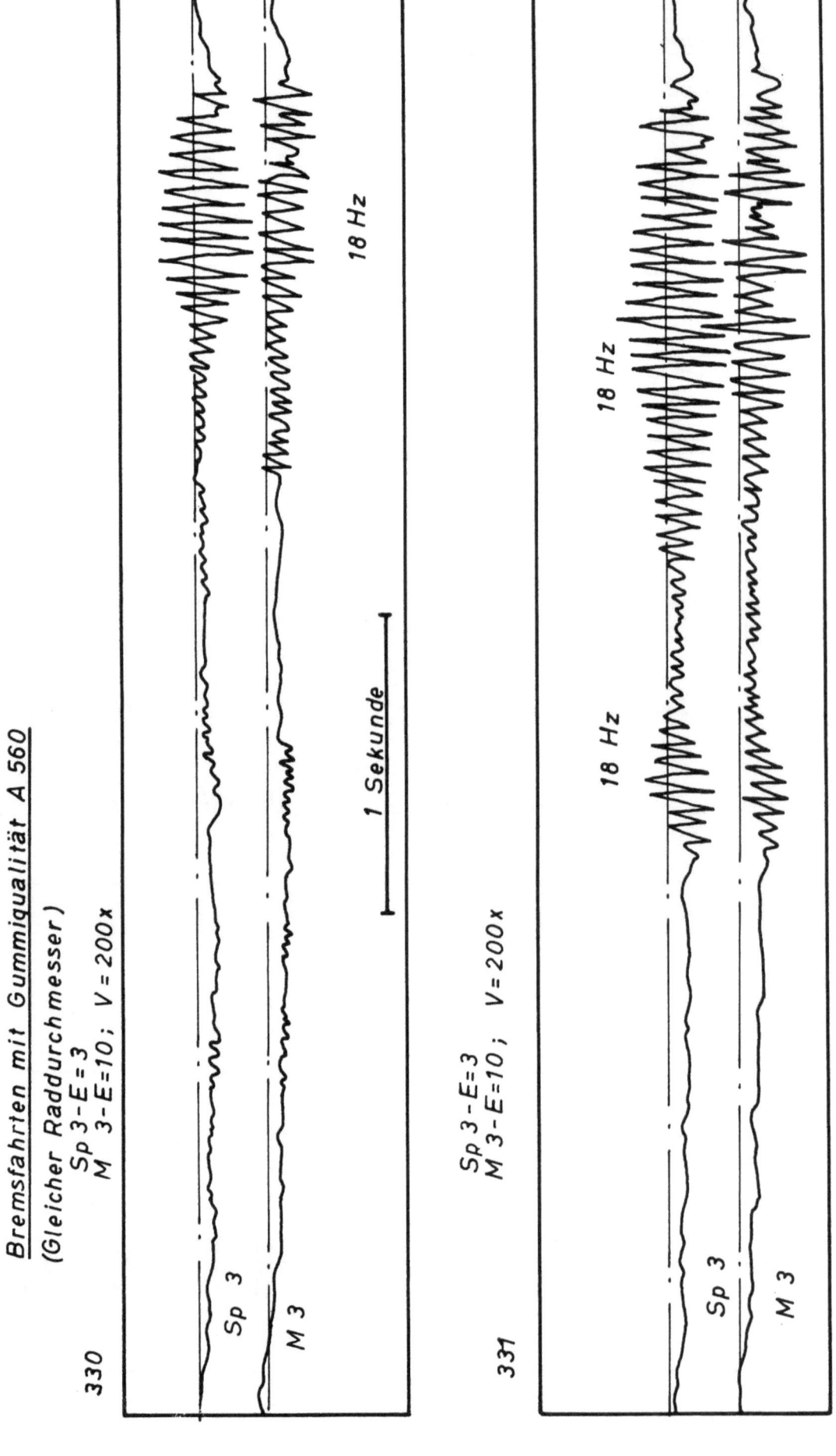

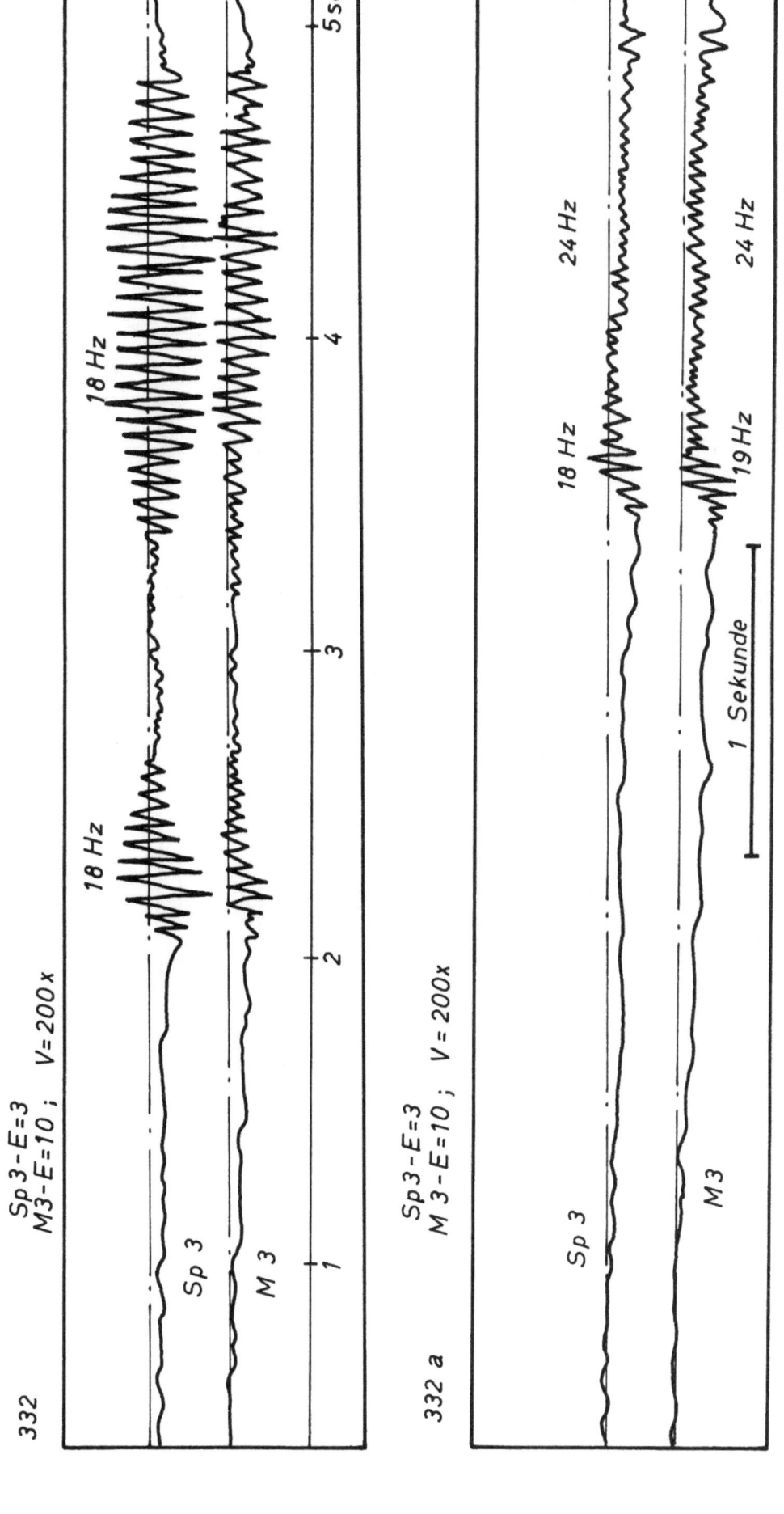

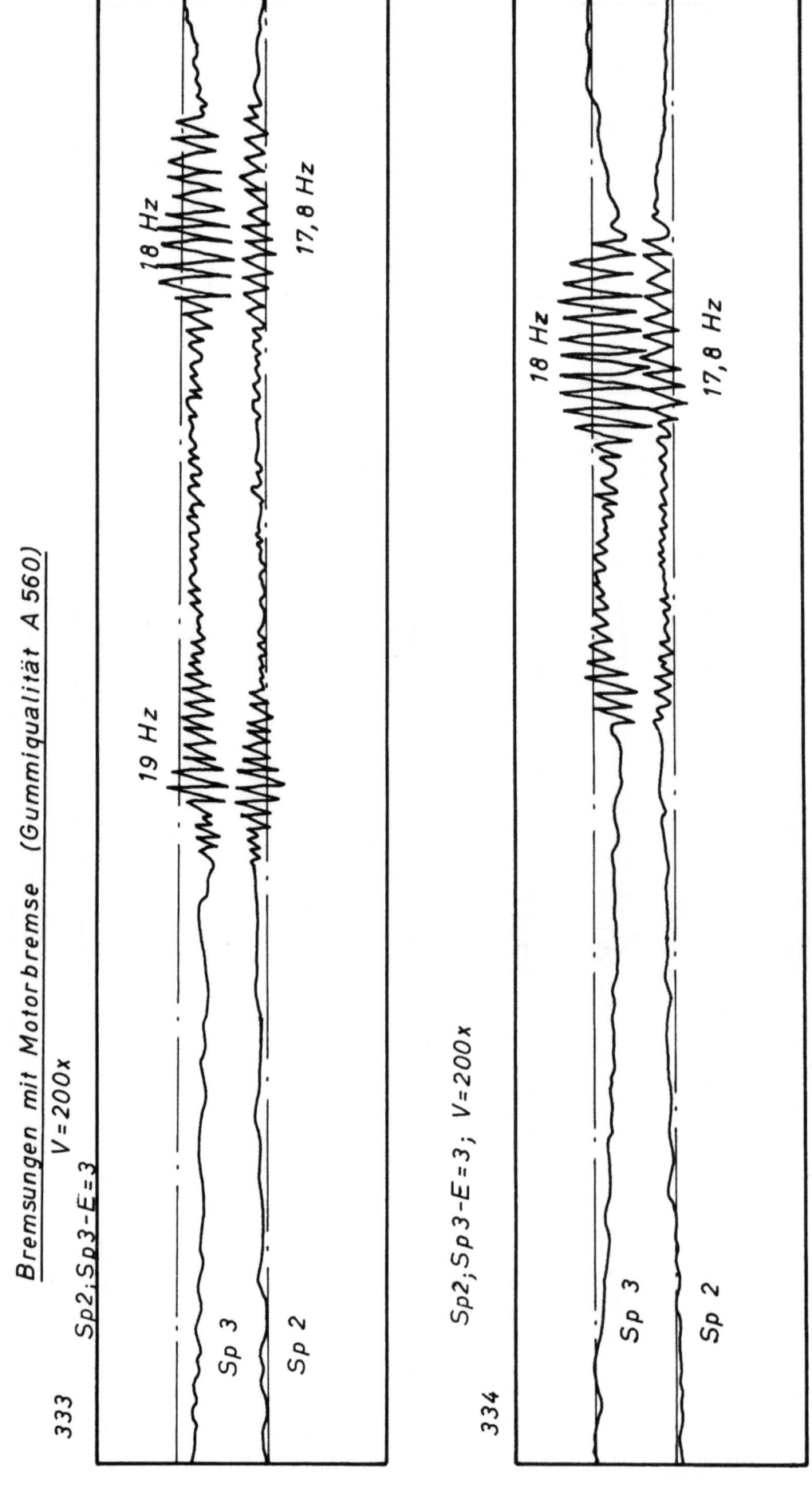

Gummi Mg 350

Ver-such Nr.	Frequenz	Gummikupplungen [Verdrehung M_{3i} M_5]					Spannung						Beschleunigung			Bemerkungen
		Meß-stelle	Empf. Verst. v=200x	Ausschlag v.Nullinie auf Meßstr [mm]	wirkl Aus-schlag [mm]	Amplitude d. Schwingg. auf Meßstr [mm]	wirkl Aus-schlag [mm]	Meß-stelle	Empf. Verst. v=200x	Ausschlag v.Nullinie auf Meßstr [mm]	Spannung [kg/mm²]	Amplitude d.dyn.Sp. auf Meßstr [mm]	Spannung [kg/mm²]	Meß-stelle	Empf. Verst. v=200x	Ausschl. a.Meßstr. [mm]	wirkl. Beschl. [g]	
93	?	M5	10	21,2	16,9	16,5	13,2	Sp3	3	14,0	33,6	11,5	27,6					Fahrzeug leer
94	15,0	"	"	16,4	13,1	9,3	7,4	"	"	11,9	28,6	8,5	20,4					
95	15,6	"	"	13,4	10,7	9,0	7,2	"	"	9,2	22,1	7,6	18,3					
96	15,3	"	"	15,2	12,2	10,5	8,4	"	"	10,5	25,2	9,0	21,6					
98	15,2	"	"	18,7	15,0	14,5	11,6	Sp2	"	7,6	18,2	5,8	13,9					
100	17,4	"	"	6,0	4,8	3,0	2,4	"	"	2,4	5,8	1,4	3,4					
101	15,0	"	"	22,8	18,2	15,5	12,3	"	"	8,5	20,4	5,3	12,7					
102	15,6	"	"	6,3	5,0	5,4	4,3							B3	1	5,7	1,96	
103	16,0	"	"	12,9	10,3	8,8	7,0							"	"	4,3	1,48	
104	15,0	"	"	18,2	14,6	14,5	11,5							"	"	7,5	2,58	
105	?	"	"	9,2	7,4	4,8	3,8							"	"	2,9	1,00	
81	16,0	M5	10	22,0	17,6	18,1	14,5	Sp2	3	8,2	19,7	6,3	15,1					Fahrzeug mit 4 t beladen
82	15,0	"	"	13,2	10,6	8,4	6,7	"	"	6,2	14,9	5,0	12,0					
83	16,0	"	"	21,2	17,0	17,0	13,6	"	"	8,4	20,1	6,8	16,3					
84	16,0	"	"	13,8	11,0	11,4	9,1	"	"	10,1	24,1	8,1	19,5					
85	16,0	"	"	20,4	16,3	16,0	12,8	Sp3	"	14,2	34,0	10,0	24,0					
"	16,0	"	"	13,9	11,1	10,0	8,0	"	"	11,2	26,9	9,3	22,4					
86	16,7	"	"	21,0	16,8	16,2	13,0	"	"	15,0	36,0	13,0	31,2					
"	17,4	"	"	19,0	15,2	15,0	12,0	"	"	13,0	31,2	9,0	21,6					
87	16,7	"	"	6,2	5,0	4,6	3,7	Sp4	"	0,3	0,72	0,3	0,72					
88	16,3	"	"	5,6	4,5	4,6	3,7	"	"	0,2	0,48	0,2	0,48					
89	16,7	"	"	18,0	14,4	15,0	12,0	"	"	0,2	0,48	0,2	0,48					
90														B3	0,3	22,1	2,26	
91														"	"	23,4	2,39	

Seite 55

Gummi A 560

Versuch Nr.	Frequenz	Gummikupplungen [Verdrehung M_{3i} M_5]					Spannung						Beschleunigung				Bemerkungen
		Meß-stelle	Empf. Verst. v=200x	Ausschlag v.Nullinie auf Meßst. [mm]	Amplitude d. Schwingg wirkl. Aus-schlag [mm]	wirkl. Aus-schlag [mm]	Meß-stelle	Empf. Verst. v=200x	Ausschlag v.Nullinie auf Meßst. [mm]	Spannung [kg/mm²]	Amplitude Meßst. [mm]	d.dyn.Sp. Spannung [kg/mm²]	Meß-stelle	Empf. Verst. v=200x	Ausschl. auf Meß-streifen [mm]	wirkl. Beschl. [g]	
15		Fahrzeug leer															
15		M3	3	18	4,3												
15		M5	3	12	2,9												
16		M3	3	8	1,9												
16		M5	3	8	1,9												
17	24						Sp3	1	14	11,2	3	2,4					
17	24						"2	"	10	8,0	3	2,4					
18	24						"3	"	11	8,8	5	4,0					
18	24						"2	"	5	4,0							
20	20						"3	"	18	14,4	15	12,0					
20	25						"3	"	16	12,8	9	7,2					
20	25						"2	"	7	5,6	5	4,0					
22	18						"3	"	15	12,0	10	8,0					
22	22						"2	"	8	6,4	6	4,8					
30	21	M5	3	7	1,6	4	0,96										
30	21	M3	3	2	0,5	1	0,24										
30	18	M5	3	22	5,3	1,2	2,90										
39	18	M5	3	35	8,4	15	3,60										
40	18	M5	3	30	7,2	24	5,80	Sp3	1	38	30,4	21	16,8				
41	23	M5	3	17	4,1	7	1,70	"	"	31	24,8	20	16,0				
42	22	M5	3	25	6,0	11	2,64	"	"	20	16,0	9	7,2				
43	25							"	"	29	23,2	14	11,2				
43	25							Sp2	"	12	9,6	9	7,2				
43	19							"3	"	18	14,4	10	14,4				
43	19							"2	"	10	8,0	6	4,8				
44	18							"3	"	20	16,0	10	8,0				
44	18							"3	"	30	24,0	25	20,0	B1	03	6	2,46
45	18							"3	"	34	27,2	28	22,4	"	"	5	2,05

Gummi A 560

Versuch Nr.	Frequenz	Gummikupplungen [Verdrehung M_{3i} M_5]				Spannung					Beschleunigung				Bemerkungen
		Meß-stelle	Empf. Verst. v=200x	Ausschlag v.Nullinie auf Meßst. [mm]	wirkl. Ausschlag [mm]	Amplitude d.Schwing. auf Meßst. [mm]	wirkl. Ausschlag [mm]	Meß-stelle	Empf. Verst. v=200x	Ausschlag v.Nullinie auf Meßst. [mm]	Spannung [kg/mm²]	Amplitude d.dyn.Sp. auf Meßst. [mm]	Spannung [kg/mm²]	Meß-stelle	Empf. Verst. v=200x	Ausschl. auf Meßstreifen [mm]	wirkl. Beschl. [g]	
54	21	M5	3	25	6,0	12	2,9	Sp2	3	5	12,0	2,5	6,0					Fahrzeug leer
55	18	"	"	30	7,4	22	5,3	"	"	5	12,0	3,5	8,4					
56	20	"	"	30	7,2	20	4,8	Sp4	"	-		-						
57	19	"	"	34	8,2	10	2,4	"5	"	-		-						
58	18	"	"					Sp3	"	14	33,5	8	19,2					
"	"	"	"					"2	"	6	14,4	4	9,6					
59	24	"	"	12	2,9	8	1,9	Sp3	"	7	16,8	4,5	10,8					
68	19	"	"	28	6,7	15	3,6	"	"	6	14,4	3	7,2					
69	22	"	"	20	4,8	10	2,4											
76	19	"	"	33	7,9	17	4,1											
275	20							Sp3	"	6	14,4	2,5	6,0					
"	"							"2	"	5	12,0	2,0	4,8					
276	18,5							"3	"	8	19,2	7,0	16,8					
"	"							"2	"	9	21,6	6,0	14,4					
277	20							"3	"	4	9,6	3,0	7,2					
"	"							"2	"	6	14,4	3,0	7,2	B3	0,3	5,8	2,38	
278	18							"3	"	11	26,4	8,0	19,2					
"	"							"2	"	6	14,4	3,5	8,4					
279	20							"3	"	8	19,2	8,0	19,2					
"	"							"2	"	12	29,0	8,0	19,2					
280	20							"3	"	6	14,4	4,0	9,6					
"	"							"2	"	8	19,2	4,0	9,6					
281	18							"3	"	9	21,6	7,5	18,0					
"	"							"2	"	10	24,0	7,5	18,0					

Gummi A 560

Versuch Nr.	Frequenz	Gummikupplungen [Verdrehung M_{3i} M_5]					Spannung					Beschleunigung				Bemerkungen
		Meß-stelle	Empf. Verst. v=200x	Ausschlag v.Nullinie auf Meßst. [mm]	wirkl. Ausschlag [mm]	Amplitude d.Schwingg. wirkl. Aus-schlag [mm]	Meß-stelle	Empf. Verst. v=200x	Ausschlag v.Nullinie auf Meßst. [mm]	Spannung [kg/mm²]	Amplitude d.dyn. Sp. auf Meßst. [mm]	Spannung [kg/mm²]	Meß-stelle	Empf. Verst. v=200x	Ausschl. auf Meß-streifen [mm]	wirkl. Beschl. [g]	
282	23	M5	10	14	11,2	7,2	Fahrzeug leer vorderer Radsatz 4mm kleiner im Durchmesser									
"	"	"3	"	13	10,4	7,2											
285	20	"5	"	7	5,6	2,8											
"	"	"3	"	12	9,6	7,2											
287	22	"5	"	5	4,0	1,6											
"	"	"3	"	12	9,6	7,2											
288	18	"5	"	5	4,0	3,2	Sp3	3	10	24,0	9	21,6					
289	22	"5	"	5	4,0	3,6	"	"	7	16,8	6	14,4					
290	22	"5	"	8	6,4	3,2	"	"	8	19,2	7	16,8					
292	23	"5	"	7	5,6	4,0	Sp2	"	6	14,4	6	14,4					
293	18	"5	"	3	2,4	2,0	"	"	7	16,8	3,5	8,4					
294	19	"5	"	5	4,0	4,0	"	"	9	21,6	7	16,8					
297	22	"5	"	15	12,0	9,6	"	"	10	24,0	8	19,2					
				Durchmesser der Räder gleich												
330	18	M3	10	8	6,4	4,0	Sp3	"	10	24,0	9	21,6					
331	18	"3	"	12	9,6	7,2	"	"	12	29,0	10	24,0					
332	18	"3	"	8	6,4	4,4	"	"	10	24,0	8	19,2					
332	18	"3	"	8	6,4	4,0	"	"	5	12,0	5	12,0					
333	18						"	"	9	21,6	7	16,8					
"	"						Sp2	"	5	12,0	3,5	8,4					
334	18						"3	"	10	24,0	8	19,2					
"	18						"2	"	6	14,4	4	9,6					

Gummi Mg 660

Versuch Nr.	Frequenz	Gummikupplungen [Verdrehung M_{3i} M_5]					Spannung						Beschleunigung				Bemerkungen
		Meßstelle	Empf. Verst. v=200x	Ausschlag v.Nullinie auf Meßst. [mm]	wirkl Ausschlag [mm]	Amplitude d.Schwingg auf Meßst [mm]	wirkl Ausschlag [mm]	Meßstelle	Empf. Verst. v=200x	Ausschlag v.Nullinie auf Meßst. [mm]	Spannung [kg/mm²]	Amplitude d.dyn.Sp. auf Meßst [mm]	Spannung [kg/mm²]	Meßstelle	Empf. Verst. v=200x	Ausschl. auf Meßstreifen [mm]	wirkl Beschl [g]	
		Fahrzeug leer																
118	22,3	M5	10	12,0	9,6	8,7	7,0	Sp2	3	9,5	22,8	6,5	15,6					
119	23,4	"	"	6,1	4,9	2,3	1,8	"	"	4,5	10,8	2,6	6,3					
120	23,4	"	"	5,7	4,6	2,1	1,7	Sp3	"	7,5	18,0	2,7	6,5					
121	18,0	"	"	5,2	4,2	2,9	2,3	"	"	7,8	18,7	5,2	12,5					
122	18,0	"	"	8,1	6,5	6,6	5,3	"	"	11,2	26,9	8,3	19,9					
123	22,0	"	"	6,8	5,4	3,9	3,1	"	"	9,8	23,5	6,1	14,7					
124	24,0	"	"	6,0	4,8	2,7	2,2	"	"	6,0	14,4	3,5	8,4					
125	23,0	"	"	7,8	6,2	3,2	2,6	"	"	8,9	21,4	4,4	10,6					
126	18,0							Sp3	"	11,9	28,6	9,1	21,8					
	21,0							"2	"	5,4	13,0	4,1	9,8					
127	19,0							"3	"	8,0	19,2	5,8	13,9					
	23,0							"2	"	2,6	6,2	1,4	3,4					
129	17,0							"3	"	10,4	25,0	8,0	19,2					
	23,0							"2	"	10,3	24,8	6,4	15,4					
130	18,0							"3	"	12,0	28,8	8,7	20,9					
	22,0							"2	"	9,5	21,1	7,7	18,5					
131	18,0							"3	"	8,8	16,1	6,6	15,8					
132	18,0	M5	10	19,0	15,2	12,3	9,8							B3	0,3	28,0*	2,91	**) Ausschlag geht über Streifen- breite hin- aus
133	19,0	"	"	18,0	14,4	10,2	8,1							"	"	19,0*	1,98	
134	18,0	"	"	17,8	14,2	13,1	10,5							"	"	30,0	3,12	
135	18,0	"	"	14,0	11,2	10,5	8,4							"	1	14,2	4,90	
136	25,0	"	"	12,0	9,6	?	?							"	"	6,4	2,21	
137	25,0	"	"	10,7	8,6	5,7	4,6							"	"	10,2	3,52	

Gummi Mg 670

Versuch Nr.	Frequenz	Parallelverschiebung $[M_1;M_4]$ u Verdrehung $[M_3;M_5]$					Spannung					Beschleunigung				Bemerkungen
		Meß-stelle	Empf. Verst. v=200x	Ausschlag v.Nullinie auf Meßst. [mm]	wirkl. Aus-schlag [mm]	Amplitude d.Schwing. wirkl. Aus-schlag [mm]	Meß-stelle	Empf. Verst. v=200x	Ausschlag v.Nullinie auf Meßst. [mm]	Spannung [kg/mm²]	Amplitude d.dyn. Sp. auf Meßstr. [mm]	Spannung [kg/mm²]	Meß-stelle	Empf. Verst. v=200x	Ausschl. auf Meßstr. [mm]	wirkl. Beschl. [g]	
142	25,0	M 4	3	4,8	1,2	2,7	0,7										
	25,0	" 1	"	2,1	0,5	2,1	0,5										
143	27,8	" 4	"	3,6	0,9	2,9	0,7										
	26,4	" 1	"	4,0	1,0	1,7	0,4										
144	27,0	" 4	"	8,0	1,9	5,5	1,3										
	25,0	" 1	"	5,2	1,2	2,3	0,6										
145	22,0	" 4	"	7,5	1,8	3,8	0,9										
	23,1	" 1	"	4,8	1,2	2,9	0,7										
148	27,0	M 3	10	1,4	1,1	0,5	0,4										
	25,0	" 5	"	6,0	4,8	2,6	2,1										
150	25,6	" 3	"	1,2	1,0	0,9	0,7										
	25,6	" 5	"	7,0	5,6	3,2	2,5										
151	26,3	" 3	"	1,4	1,1	1,1	0,9										
	26,2	" 5	"	6,8	5,4	3,3	2,6										
153	26,0	M 5	"	8,5	6,8	4,2	3,4										
154	26,0	"	"	8,0	6,4	5,6	4,5										
155	29,0	"	"	7,1	5,7	3,2	2,6										
156	25,0	"	"	10,2	8,1	7,0	5,6										
157	29,0	"	"	7,5	6,0	2,9	2,3										
158	27,8	"	"	7,3	5,8	2,3	1,9										
159	21,0	"	"	9,6	7,7	6,2	4,9	Sp3	1	10,0	24,0	6,9	16,5	B3	1	3,2 1,11	
160	24,0	"	"	7,7	6,1	3,2	2,6	"	"	7,2	17,3	3,5	8,4	"	"	6,0 2,07	
161	24,0	"	"	7,0	5,6	3,2	2,6	"	"	7,2	17,3	3,1	7,4	"	"	2,2 0,76	
162	29,2	"	"	7,7	6,1	4,5	3,6	"	"	8,1	19,4	6,0	14,4	"	"	5,6 1,93	
163	25,0	"	"	10,6	8,4	6,2	5,0	"	"	11,1	26,6	8,3	19,9	"	"	1,6 0,55	
164	25,0	"	"	6,2	4,9	2,7	2,2	"	"	6,8	16,3	3,5	8,4	"	"	1,9 0,66	

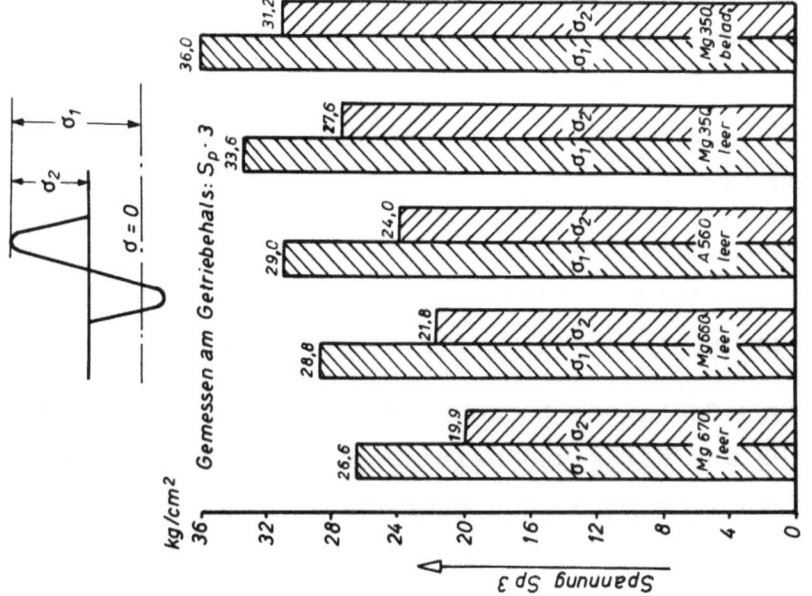

Abbildung 23

Spannung am Getriebegehäuse in Abhängigkeit von der Gummiqualität

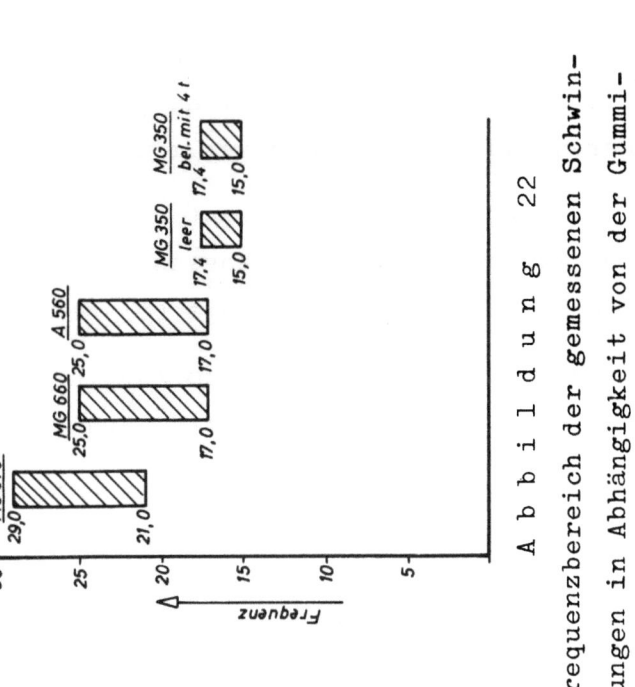

Abbildung 22

Frequenzbereich der gemessenen Schwingungen in Abhängigkeit von der Gummiqualität

5. Versuchsauswertung

Aus den durchgeführten Versuchen lassen sich folgende Erkenntnisse in nachstehenden Punkten zusammenfassen:

a) Die Rattererscheinungen treten nur beim Bremsen auf. Sie sind abhängig von den Reibungsverhältnissen zwischen Rad und Schiene, d.h. vom Schienenzustand. Bei betauter oder schlüpfriger Schiene treten die Erscheinungen nicht auf.

b) Die Rattererscheinungen sind auf Drehschwingungen der in den Gummifedern gelagerten Radsätze zurückzuführen. Diese Schwingungen beginnen, wenn das Bremsmoment an der Gleitschlupfgrenze der Räder liegt.

c) Durch diese Drehschwingungen wird in ungünstigen Verhältnissen eine Biegeschwingung des aus Motor und Getriebe bestehenden Balkens angefacht. Beide Systeme schwingen dann phasengleich und in der gleichen Frequenz.

d) Die Frequenzen der Schwingungen vergrößern sich mit der Härte der Gummifedern. Der Radsatz und der Motor-Getriebeblock schwingen bei den verschiedenen Gummiqualitäten nicht mit konstanter Frequenz, sondern in bestimmten Frequenzbereichen.

e) Die Schwingungsweite bei dem voranlaufenden Radsatz ist bei gleichem Raddurchmesser größer als bei dem nachlaufenden Radsatz des Drehgestells. Haben die Radsätze ungleichen Raddurchmesser, wobei der einzelne Radsatz Durchmessergleichheit hat, dann schwingt der Radsatz mit dem größeren Laufkreisdurchmesser mit größeren Amplituden.

f) Ein Einfluß der Wagenbelastung auf die Schwingungsweite der Gummikupplungen sowie der Spannungsausschläge ist nicht erkennbar, lediglich der statische Grundwert liegt bei beladenem Fahrzeug etwas höher.

g) Die Verdrehungsausschläge der Gummikupplungen bzw. der Radsätze werden mit steigender Härte der Gummifedern erheblich kleiner.

h) Die vor Kopf des Getriebekastens gemessenen senkrechten Beschleunigungen sind bei normalem Fahrbetrieb kaum zu erkennen. Beim Rattervorgang können jedoch Werte bis zu 4,9 g auftreten.

Wie sich auf Grund der aus den Versuchen gewonnenen Erkenntnisse ergibt, können die nur unter bestimmten Voraussetzungen auftretenden Rattererscheinungen eine Biegeschwingung des aus Motor und Getriebeblock bestehenden elastisch gelagerten Balkens anfachen. Dabei handelt es sich also um erzwungene Schwingungen, die von dem schwingenden Radsatz erregt werden können. Aus diesem Grunde werden im folgenden die Eigenschwingungszahlen der drehgefederten Radsätze und des elastisch gelagerten Motor-Getriebeblocks rechnerisch bestimmt. Die Rechnungen werden für die besonders untersuchte Gummikupplung A 560 durchgeführt. Sie gilt ebenso für die anderen Gummiqualitäten. Die rechnerischen Bestimmungen der Eigenschwingungszahlen wurden anschließend experimentell nachgeprüft und in Übereinstimmung mit den Rechnungsergebnissen gefunden.

6. Betrachtung der Verhältnisse beim Bremsvorgang

Beim Bremsvorgang wirken von den Rädern jeder Achse, die durch die Gummikupplungen mit den Hohlwellen kraftschlüssig verbunden sind, Gegenmomente. Die Größe dieser Reibmomente kann den Wert $M = Q \cdot \mu \cdot R$, wobei Q die Achslast, R der Radhalbmesser und μ die veränderliche Reibzahl ist, nicht überschreiten. Unter der Einwirkung dieser Momente verdrehen sich die Kupplungsscheiben um einen bestimmten Winkel $\varphi = \frac{M}{c_t}$; d.h., die Gummikupplungen werden gespannt. Wird das vom Motor ausgeübte Bremsmoment so groß, daß eine Überbremsung der Achsen eintritt, so geraten diese in Schlupf und das Kräftespiel nimmt einen labilen Charakter an. Die Versuche haben gezeigt, daß in diesem Augenblick, beim Übergang vom Roll- in den Schlupfzustand, unter bestimmten Voraussetzungen zwei Vorgänge an der Achse zu unterscheiden sind. Einmal ein kombinierter Schlupf-Rollvorgang und zum anderen, vor allem bei Überbremsungen ein sogenannter Rattervorgang, der auf Drehschwingungen der drehgefederten Radsätze zurückgeführt werden kann. Dabei überlagern sich die Drehschwingungen den größeren gleitenden Umdrehungen der Räder.

Ist dieser o.a. labile Zustand erreicht, so haben zwei Eigenschaften des betrachteten Systems entscheidenden Einfluß auf den weiteren Verlauf der Vorgänge. Einmal die Tendenz der mit der Achse umlaufenden Massen sich einer Änderung der Umlaufgeschwindigkeit zu widersetzen, zum anderen die Geschwindigkeitsabhängigkeit der Reibungsverhältnisse zwischen Rad und Schiene. Diese Abhängigkeiten wurden u.a. von SCHWEND, CURTIUS-KNIFFLER, PFLANZ und METZKOW in umfang- und aufschlußreichen Messungen untersucht. Eine Zusammenfassung der vorhandenen Messungen stellt die Haftwertkurve von KOTHER dar, $\mu = \frac{9000}{V+42} + 116 \left[\frac{kg}{t}\right]$, die meist in Gebrauch ist. Aus den Haftwertkurven von KOTHER und den von SCHWEND angegebenen Kurven der Schlupfreibung in Abhängigkeit vom Schlupf ist zu ersehen, daß die Haftwerte mit zunehmender Geschwindigkeit kleiner werden. Dabei fallen die

Kurven im Bereich der kleineren Geschwindigkeiten bzw. geringerem Schlupf stärker ab, als bei größeren Geschwindigkeiten bzw. größer werdendem Schlupf. Das heißt: Im Bereich der kleineren Geschwindigkeiten sind die unterschiedlichen Reibungskräfte bei einem bestimmten ΔV groß, während sich die Haftwerte bei größeren Geschwindigkeiten bei derselben Geschwindigkeitsdifferenz kaum ändern. Diese Gesetzmäßigkeiten sind für den weiteren Verlauf der Vorgänge von ausschlaggebender Wichtigkeit.

In diesem Zusammenhang hat sich bei den Versuchen ergeben, daß die Reibzahl bei Schlupfbeginn, also in dem Augenblick in welchem sie als Haftwert definitionsgemäß gerade aufhören sollte zu existieren, und nach herkömmlicher Ansicht kleineren Zahlen Platz machen sollte, nun noch größere Werte annimmt. Erst nach Überschreiten einer Schlupfschwelle fällt diese höhere Reibzahl, die man also hinsichtlich der maximalen Größe als Haftwert ansprechen müßte, zu kleineren Zahlen ab. Dieses Verhalten ist deutlich auf einigen Meßstreifen zu erkennen und kann wie folgt erklärt werden:

Das rollende Rad, das nach der Theorie schon im elastischen Bereich Schlupf aufweist, erleidet bei einer Kraftübertragung zunächst weitere kleine elastische Formänderungen, welche den theoretisch schon vorhandenen Schlupf noch vergrößern. Diese Erscheinung, die bei Gummireifen besonders ausgeprägt ist, wird nach PORTER als "Kriechen" bezeichnet. Bei größer werdenden Kräften können jedoch die Berührungselemente dieses Kriechen nicht mehr aufrechterhalten, weil die Formänderungsfähigkeit nicht mehr ausreicht, trotzdem steigt die Reibzahl wie oben schon festgestellt wurde noch weiter an, ehe sie bei größeren Schlupfwerten abfällt um dann evtl. in die gleitende Reibung überzugehen. Diese Tatsache findet auch ihre Bestätigung in den von Dr. BARWELL und Professor FINK angegebenen Reibzahl-Schlupfdiagrammen. (Glasers Annalen Heft 2/1957, Seite 31, Abb.10 und Seite 40 Abb.9.)

Wird das Fahrzeug überbremst, d.h. tritt größerer Schlupf auf, so nimmt zunächst die Reibzahl zu, um nach Überschreiten der Schlupfschwelle auf Grund der größer werdenden Relativgeschwindigkeit zwischen Rad und Schiene wieder abzusinken. Das Gegenmoment steigt also wegen der noch größer werdenden Reibzahl zunächst noch weiter an, um dann bei kleinerer Reibzahl von größerer Höhe abzufallen. Die durch den Bremsvorgang in den Gummikupplungen erzeugten Rückstellkräfte versuchen nun den Radsatz entgegen der Drehrichtung zu drehen, sie wirken also auf eine Vergrößerung des Schlupfes hin. Dagegen widersetzen sich die mit der Achse umlaufenden

Massen einer Änderung der Umlaufgeschwindigkeit. Der Übergang vom Haft- in den Schlupfzustand verläuft bei Überbremsung also um so langsamer, je größer die Wucht der umlaufenden Massen ist.

Infolge der Überbremsung steigt der Schlupf, bzw. die Relativgeschwindigkeit zwischen Rad und Schiene wird größer. Wenn das Bremsmoment und das Reibmoment der Schlupfreibung ins Gleichgewicht kommen, dann wird der Schlupf eine bestimmte Größe erreicht haben. Die Gummikupplungen haben sich entsprechend diesen Momenten entspannt. Da aber die Fahrzeuggeschwindigkeit kleiner wird, so nimmt auch der Schlupf, d.h. die Differenz zwischen der Fahrzeug- und Rollgeschwindigkeit ab, wodurch die Reibzahl wieder steigt und das Gleichgewicht zwischen Reibmoment und Bremsmoment wieder gestört wird. Das größer werdende Antriebsmoment der Reibung führt zu einer Beschleunigung der Rollbewegung und damit zu kleiner werdendem Schlupf, dadurch steigt das Bremsmoment wieder an, das jedoch infolge der geringer werdenden Rollgeschwindigkeit entsprechend der Motor-Bremscharakteristik im Ganzen abnimmt. Diesem kombinierten Schlupf-Rollvorgang können sich nun Drehschwingungen der drehgefederten Radsätze überlagern. Das Zustandekommen dieses unter dem Namen "Rattern" bekannten Vorganges ist maßgebend von der Größe der periodischen Änderungen der Reibungskräfte und somit von der Geschwindigkeit abhängig. Darum treten diese Erscheinungen vorwiegend im Bereich der kleineren und mittleren Geschwindigkeiten auf, da hier die unterschiedlichen Reibungskräfte bei Änderung der Relativgeschwindigkeiten auf Grund der stärkeren Neigung der Reibwertkurven groß sind.

Wird durch das eingeschaltete Bremsmoment die Schlupfschwelle überschritten, so wird eine Torsionsschwingung des Radsatzes eingeleitet, die durch die veränderlichen Reibungskräfte angefacht wird bzw. erhalten bleibt. Schwingt der Radsatz zurück, so ist die Gleitgeschwindigkeit groß und somit die Reibung klein, während bei der Vorwärtsschwingung die Gleitgeschwindigkeit klein und somit die Reibung groß ist. Während einer Schwingungswelle kann also die Schienenreibung positive Arbeit auf das System leisten.

Diese Schwingungen können ihrer Natur nach als selbsterregte Schwingungen bezeichnet werden, da die Kraft, die die Schwingung unterhält, von der Schwingung selbst beeinflußt wird. Die für das Schwingungssystem charakteristische Instabilität, die wegen der Nichtlinearität der Kräfte zu großen mathematischen Schwierigkeiten führt, wird von der Schienenreibung verursacht.

7. Bestimmung der Eigenschwingungszahl für das Schwingungssystem Radsatz-Gummikupplungen

Rechengrößen:

Massenträgheitsmoment des Radsatzes $\Theta = 2{,}25$ [kg/sec^{2}m].

Torsionsfederkonstante $c_t = K = c_{stat} \cdot 1{,}5 = 25\,000 \cdot 1{,}5 = 37\,500 \left[\dfrac{\text{kg m}}{\text{Bg}}\right]$

Die Dämpfungseinflüsse werden bei der Rechnung vernachlässigt. Damit ergibt sich für die Gummiqualität A 560:

$$f_o = \frac{1}{2\pi} \cdot \sqrt{\frac{K}{\Theta}} = \frac{1}{2\pi} \cdot \sqrt{\frac{37500}{2{,}25}}$$

$$\underline{f_o = 20{,}7 \quad (\text{Hz})}$$

<u>Achse als Torsionsfeder</u> (Gummikupplungen vernachlässigt).

Rechengrößen:

Durchmesser der Achse $\quad d = 10$ [cm]

Federnde Länge $\quad l = 136$ [cm]

Polares Trägheitsmoment $\quad I_p = 982$ [cm^4]

Torsionsfederkonstante $\quad c_t = \dfrac{G \cdot I_p}{l} = 5\,800\,000$ [kgcm]

Massenträgheitsmoment $\quad \Theta = 1{,}125$ [kgs^{2}m]

Damit wird:

$$f = \frac{1}{2\pi} \cdot \sqrt{\frac{58000}{1{,}125}} = \underline{36{,}1 \quad (\text{Hz})}$$

Eine Schwingung in der Größenordnung dieser Frequenz wurde bei den Versuchen nicht gemessen, so daß dieses Schwingungssystem für die Erklärung der Schwingungsvorgänge nicht in Betracht kommt.

Die bei den Versuchen gemessenen Frequenzbereiche finden in der Nichtlinearität der frequenz- und ausschlagabhängigen Federkräfte der Gummikupplungen ihre Erklärung. Während bei linearen Systemen die Eigenfrequenz konstant ist, gibt es bei nichtlinearen Systemen an Stelle einer Eigenfrequenz einen ganzen Eigenfrequenzbereich. Dieses trifft sowohl für den elastisch gelagerten Motor-Getriebeblock wie auch für das Schwingungssystem Radsatz - Gummikupplungen zu.

8. Theorie und Berechnung der Biegeschwingungen des elastisch gelagerten Motor-Getriebeblocks

8.1 Allgemeines

Bei dem untersuchten Drehgestell stützt sich der Motor-Getriebeblock, wie schon ausgeführt, über die Gummikupplungen ab. Dieses schwingungsfähige System kann somit bei der theoretischen Untersuchung als dreh- und quergefederter elastischer Balken angesehen werden. Die folgenden Ausführungen stützen sich auf die Dissertation von W. HOLSTE (T.H.Aachen 1956). Bei den folgenden Ausführungen ist ein über die Balkenlänge konstantes Trägheitsmoment und gleiche Querschnittsfläche vorausgesetzt. Auf die ausführliche Ableitung der Differentialgleichung für Biegeschwingungen elastischer Balken wird in dieser Arbeit verzichtet. Nur die Lösung der Differentialgleichung und die für die Behandlung des vorliegenden Problems wichtige Berücksichtigung der speziellen Auflagerbedingungen werden ausführlicher behandelt. Die Frage nach den Eigenschwingungen, die der Balken ausführen kann, stellt ein Eigenwertproblem dar und dementsprechend erfolgt die numerische Behandlung. Die Eigenwertaufgabe besteht aus einer Differentialgleichung und einer bestimmten Zahl von Randbedingungen. Auf den Beweis für die Existenz des Eigenwertes wird ebenfalls verzichtet. Die ausführliche Behandlung erfolgte in der o.a. Dissertation

8.2 Die Differentialgleichung für Biegeschwingungen elastischer Balken

In einem x-y Koordinatensystem läßt sich der Bewegungsvorgang eines Balkenintervalls, welches Biegeschwingungen ausführt, vollständig durch eine Beziehung von der Form darstellen

$$\bar{y} = \bar{y}\,(x)$$

Der Querstrich drückt die Zeitabhängigkeit aus.

Die Bewegung des Balkenelementes von der Länge dx zergliedert sich in folgende Komponenten:

1. Translatorische Bewegung parallel zu y-Achse
2. Rotatorische Bewegung in der Biegeebene zwischen den extremen Ausschlägen.

Bei Vernachlässigung von 2.) wirken auf das Balkenelement mit der Masse
$$dM = \frac{F \cdot \gamma}{g}\,dx$$

a) Zeitunabhängige statisch verteilte Last $p_{stat} \cdot dx$

b) Translatorische Trägheitskraft

$$dT = -\frac{F \cdot \gamma}{g} \frac{\partial^2 \bar{y}}{\partial t^2} dx \quad \text{(Dynamische Lastverteilung)}$$

c) Die das Gleichgewicht herstellenden Kräfte Q und Q + dQ.

Die Gesamtlastverteilung ist dann:

$$\bar{p}(x) = p_{stat}(x) - \frac{F\gamma}{g} \frac{\partial^2 \bar{y}}{\partial t^2}$$

In einem Koordinatensystem dessen x-Achse der Mittellinie des lastfreien Balkens entspricht, gelten an der Stelle x, an der keine punktförmige Last und kein Moment angreift, zwischen der Durchbiegung y(x), der Neigung y'(x), dem Biegemoment M(x), der Querkraft Q(x) und der Lastverteilung p(x) die Beziehungen:

$$y'(x) = \frac{d}{dx} y(x)$$

$$M(x) = -E \cdot J \frac{d^2}{dx^2} y(x)$$

$$Q(x) = -M'(x) = E \cdot J \cdot y'''(x) = E \cdot J \frac{d^3}{dx^3} y(x)$$

$$p(x) = Q'(x) = -M''(x) = E \cdot J \frac{d^4}{dx^4} y(x)$$

Somit ist:
$$\bar{p}(x) = E \cdot J \frac{\partial^4 \bar{y}}{\partial x^4}$$

$$p_{stat}(x) = \frac{F \cdot \gamma}{g} \cdot \frac{\partial^2 \bar{y}}{\partial t^2} = E \cdot J \frac{\partial^4 \bar{y}}{\partial x^4} \quad .$$

Ist $y_{stat}(x)$ die statische Durchbiegung infolge der Lastverteilung p_{stat}, so gilt:

$$p_{stat}(x) = E \cdot J \cdot \frac{d^4 y_{stat}(x)}{dx^4} \quad .$$

Als dynamische Auslenkung ist die Größe $\bar{y}(x)$ definiert nach der Gleichung:

$$\bar{y}(x) = y_{stat}(x) + \bar{\bar{y}}(x) \quad .$$

Man erhält:

$$p_{stat}(x) - \frac{F \cdot \gamma}{g} \cdot \frac{\partial^2 y_{stat}(x)}{\partial t^2} - \frac{F \cdot \gamma}{g} \cdot \frac{\partial^2 \bar{\bar{y}}(x)}{\partial t^2} = E \cdot J \frac{\partial^4 y_{stat}(x)}{\partial x^4} + E \cdot J \frac{\partial^4 \bar{\bar{y}}(x)}{\partial x^4} \quad .$$

Mit $\frac{\partial y_{stat}(x)}{\partial t^2} = 0$ wird:

$$\frac{F \cdot \gamma}{g} \frac{\partial^2 \bar{\bar{y}}}{\partial t^2} + E \cdot J \frac{\partial^4 \bar{\bar{y}}}{\partial x^4} = p_{stat} - E \cdot J \frac{\partial^4 y_{stat}}{\partial x^4} \quad .$$

Damit lautet die allgemeine Differentialgleichung des elastischen Balkens für Biegeschwingungen:

$$E \cdot J \frac{\partial^4 \bar{y}}{\partial x^4} + \frac{F \cdot \gamma}{g} \cdot \frac{\partial^2 \bar{y}}{\partial t^2} = 0 \ .$$

Mit $c^2 = \frac{g \cdot J \cdot E}{\gamma \cdot F}$ ergibt sich die einfachere Form:

$$c^2 \cdot \frac{\partial^4 \bar{y}}{\partial x^4} + \frac{\partial^2 \bar{y}}{\partial t^2} = 0$$

8.21 Lösung der Differentialgleichung

Mit dem Lösungsansatz $\bar{y}(x) = y(x) \cdot \eta(t)$ (1)

erhält man:

$$c^2 y^{IV}(x) \cdot \eta(t) + y(x) \cdot \eta''(t) = 0$$

$$c^2 \frac{y^{IV}(x)}{y(x)} = - \frac{\eta''(t)}{\eta(t)} = \text{const} = \omega^2 \ .$$

Die partielle Differentialgleichung zerfällt in zwei gewöhnliche.

I.) $\eta''(t) + \omega^2 \eta(t) = 0$

Lösung: $\eta(t) = y_0 \cdot \cos(\omega t - \varepsilon)$ (2)

II.) $y^{IV}(x) - \frac{\omega^2}{c^2} y(x) = 0$

Setzt man

$$\frac{\omega^2}{c^2} = m^4 \quad (3) \quad \text{(Eigenwert) so wird:}$$

$$y^{IV}(x) - m^4 y(x) = 0 \ .$$

Die allgemeine Lösung ist:

$$y(x) = A \sin mx + B \cos mx + C \sin mx + D \cos mx \quad (4)$$

Setzt man die Lösungen in den Ansatz ein, so ergibt sich die vollständige Schwingungsgleichung des elastischen Balkens:

$$\bar{y}(x) = y(x) \cos(\omega t - \varepsilon)$$

$$\bar{y}(x) = \left[A \sin mx + B \cos mx + C \sin mx + D \cos mx \right] \cos(\omega t - \varepsilon) \ .$$

Die Ortsfunktion 4 ist die Schwingungsform. Sie ist zugleich wegen $|\cos \omega t| \leq 1$ die max. Auslenkung an der Stelle **x**. Die Kreisfrequenz ω ist mit der Schwingungsform unmittelbar verknüpft durch die Beziehung:

$$\frac{\omega^2}{c^2} = m^4 \; .$$

Somit läßt sich auch schreiben:

$$\omega = m^2 \cdot c = m^2 \sqrt{\frac{g \cdot E \cdot J}{\gamma \cdot F}} \; .$$

Die Kenntnis von m ist bei gegebenem Balken also mit der von ω gleichbedeutend.

Um Aussagen über die noch unbestimmten Integrationskonstanten und den Parameter m machen zu können, werden Randbedingungen benötigt. Das bei dem untersuchten System zutreffende quer- und drehgefederte Auflager, ist die allgemeine Form des Auflagers. Im folgenden wird die Querfedersteifigkeit mit λ , und die Drehfedersteifigkeit mit $\varkappa$ bezeichnet.

Die Randbedingungen für den quer- und drehgefederten Balken lauten:

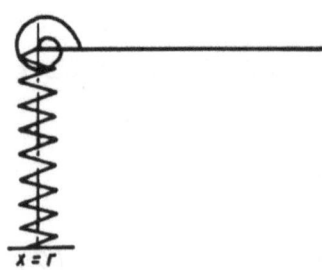

Positives Auflager: a) $E \cdot J \cdot y'''(r) + \lambda \cdot y(r) = 0$

                         b) $E \cdot J \cdot y''(r) - \varkappa \cdot y'(r) = 0$

Negatives Auflager: a) $E \cdot J \cdot y'''(r) - \lambda \cdot y(r) = 0$

                         b) $E \cdot J \cdot y''(r) + \varkappa \cdot y(r) = 0 \; .$

Unter positivem Balkenende wird das Balkenende mit der kleineren Abszisse verstanden.

Das quer- und drehgefederte Auflager ist eine Kombination des quergefederten mit dem drehgefederten Auflager.

8.3 Die Eigenschwingungen

8.31 Allgemeine Frequenzgleichung

Vorausgesetzt sind symmetrische Auflager, $\varkappa; \lambda$ rechts $= \varkappa; \lambda$ links. Der Koordinatenausgangspunkt liegt in der Mitte des Balkens.

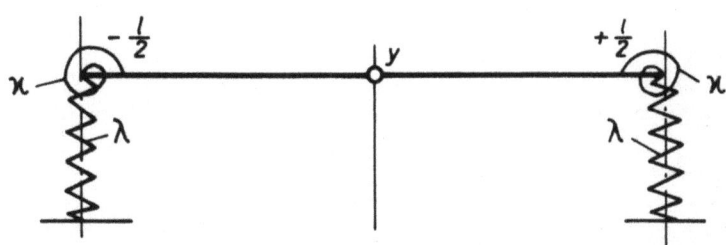

Die Randbedingungen lauten:

Für pos. (linkes) Auflager: $E \cdot J \cdot y'''(-\frac{l}{2}) + \lambda\, y(-\frac{l}{2}) = 0$

$E \cdot J \cdot y''(-\frac{l}{2}) - \varkappa\, y'(-\frac{l}{2}) = 0$

Für neg. (rechte) Auflager: $E \cdot J \cdot y'''(\frac{l}{2}) - \lambda\, y(\frac{l}{2}) = 0$

$E \cdot J \cdot y''(\frac{l}{2}) + \varkappa\, y'(\frac{l}{2}) = 0$

Daraus erhält man mit dem bekannten Ansatz

$$\bar{y}(x) = A \sinh mx + B \cosh mx + C \sin mx + D \cos mx$$

und nach einigen Umformungen (Hohenemser-Prager) die allgemeine Form der Frequenzgleichungen:

symmetrisch: $(\xi^4 - \varphi\psi)\,\alpha(\xi) + \psi\xi^3\gamma(\xi) - \varphi\xi\mathcal{L}(\xi) = 0$

asymmetrisch: $(\xi^4 - \varphi\psi)\,\mathcal{B}(\xi) - \varphi\xi^3\mathcal{L}(\xi) - \varphi\xi\gamma(\xi) = 0$.

Darin bedeuten: $\xi = \dfrac{m \cdot l}{2}$; $\varphi = \dfrac{\lambda \cdot l^3}{8 \cdot E \cdot J}$; $\psi = \dfrac{\varkappa \cdot l}{2 \cdot E \cdot J}$.

φ und ψ sind zwei wichtige Kenngrößen, die das Verhältnis von Feder- und Balkensteifigkeit zum Ausdruck bringen.

Der nur quergefederte Balken

Dabei ist $\varkappa = 0$ und somit $\psi = 0$.
Die Frequenzgleichungen lauten also:

symmetrisch: $\qquad \xi^3 \mathcal{O}\mathcal{L}(\xi) - \varphi \mathcal{L}(\xi) = 0$

asymmetrisch: $\qquad \xi^3 \mathcal{L}(\xi) - \varphi \gamma(\xi) = 0$

Der nur drehgefederte Balken

Dabei ist $\lambda = \infty$; $\varphi = \infty$; $\frac{1}{\varphi} = 0$
Frequenzgleichungen:

symmetrisch: $\qquad \psi \mathcal{O}\mathcal{L}(\xi) + \xi \mathcal{L}(\xi) = 0$

asymmetrisch: $\qquad \psi \mathcal{L}(\xi) + \xi \gamma(\xi) = 0$.

8.32 Eigenfrequenzen des aufliegenden Balkens

Dafür lauten die Frequenzgleichungen: $\left.\begin{array}{c}\frac{\mathcal{L}(\xi)}{\mathcal{O}\mathcal{L}(\xi)} \\ \frac{\gamma(\xi)}{\mathcal{L}(\xi)}\end{array}\right\} = 0$

Man findet also die Lösungen in den Schnittpunkten von $\frac{\mathcal{L}}{\mathcal{O}\mathcal{L}}$ und $\frac{\gamma}{\mathcal{L}}$ mit der ξ-Achse. Diese sind:

$$\xi_0 = \frac{\pi}{2} \; ; \qquad \xi_1 = \pi \; ; \qquad \xi_2 = \frac{3}{2}\pi \; .$$

Allgemein:
$$\xi_i = (i+1)\frac{\pi}{2} \; .$$

Damit ergibt sich:
$$\omega_i = \frac{(i+1)^2 \cdot \pi^2}{l^2} \cdot \sqrt{\frac{g \cdot E \cdot J}{\gamma \cdot F}} \; .$$

8.33 Eigenfrequenzen des quergefederten Balkens

Die Frequenzgleichungen lauten: $\left.\begin{array}{c}\frac{\mathcal{L}(\xi)}{\mathcal{O}\mathcal{L}(\xi)} \\ \frac{\gamma(\xi)}{\mathcal{L}(\xi)}\end{array}\right\} = \frac{\xi^3}{\varphi}$

Es gilt: $0 \leq \varphi \leq \infty$; $0 \leq \xi_0 \leq \frac{\pi}{2}$.

Um einem vorgegebenem φ das zugehörige ξ zu bestimmen, wird mit Hilfe von Funktionstafeln die Umgebung des in Frage kommenden Schnittpunktes in vergrößertem Maßstab konstruiert. Der gesamte Funktionsverlauf $\xi_0 = \xi_0(\varphi)$ ist in Abbildung 24 wiedergegeben. Daraus läßt sich zu jedem φ der zugehörige ξ_0-Wert entnehmen.

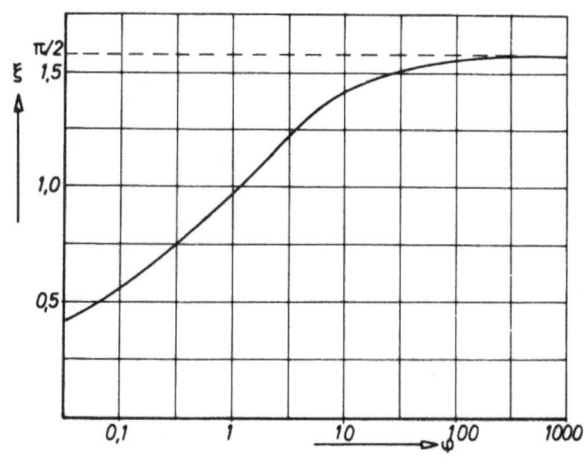

Abbildung 24

Quergefederter Balken, Grundfrequenz

Der Funktionsverlauf für die Oberfrequenzen ist ebenfalls in Abbildung 25 wiedergegeben.

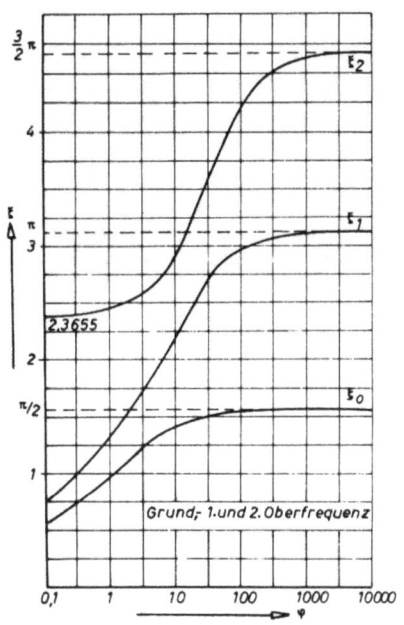

Abbildung 25
Quergefederter Balken
Grund-, 1. und 2. Oberfrequenz

8.34 Eigenfrequenzen des drehgefederten Balkens

Es lauten die Frequenzgleichungen:
$$\left.\begin{array}{c}\mathcal{L}(\xi)\\ \overline{\alpha(\xi)}\\ \gamma(\xi)\\ \overline{\mathcal{B}(\xi)}\end{array}\right\} = -\frac{\psi}{\xi} .$$

Die gesuchte Funktion $\xi = \xi(\psi)$ ist für ξ_0 und ξ_1 in Abbildung 26 und 27 dargestellt. Die ψ-Achse ist ebenfalls logarithmisch unterteilt.

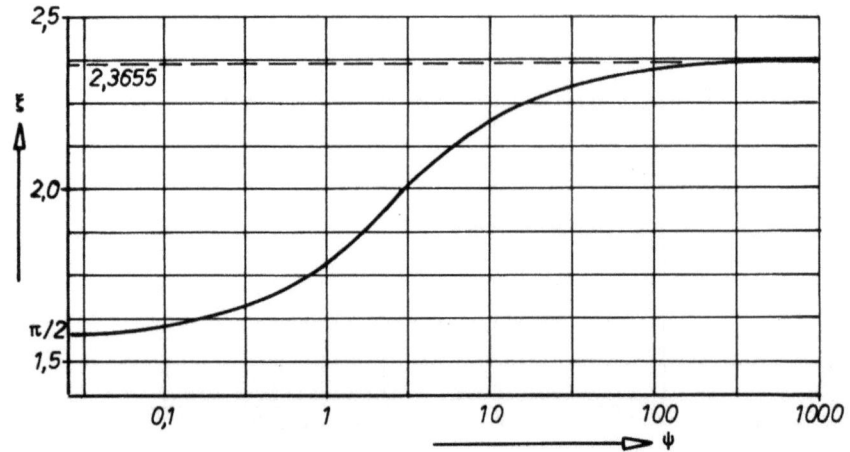

Abbildung 26

Drehgefederter Balken, Grundfrequenz

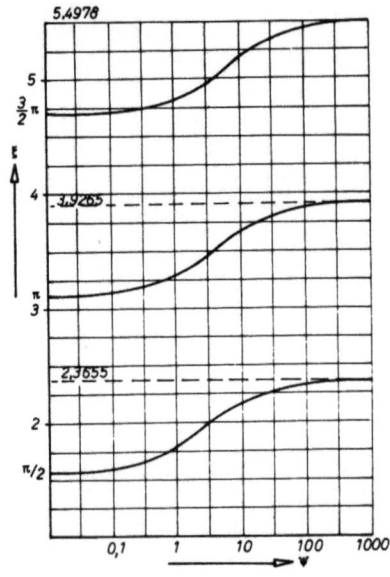

Abbildung 27

Drehgefederter Balken

Grund-, 1. und 2. Oberfrequenz

Die Frequenzgleichungen auf eine einheitliche Form gebracht:

	symmetrisch	asymmetrisch	
Quergefedert:	$\dfrac{\mathcal{L}(\xi)}{\alpha(\xi)} = \dfrac{\xi^3}{\varphi}$	$\dfrac{\gamma(\xi)}{\mathcal{B}(\xi)} = \dfrac{\xi^3}{\varphi}$	I
Drehgefedert:	$\dfrac{\mathcal{L}(\xi)}{\alpha(\xi)} = -\dfrac{\psi}{\xi}$	$\dfrac{\gamma(\xi)}{\mathcal{B}(\xi)} = -\dfrac{\psi}{\xi}$	.

Nach HOHENEMSER-PRAGER gilt für die Frequenzfunktion:

$$\alpha(\xi) = \mathcal{C}of\,\xi \cdot \sin\xi + \mathcal{S}in\,\xi \cdot \cos\xi$$

$$\mathcal{B}(\xi) = \mathcal{C}of\,\xi \cdot \sin\xi - \mathcal{S}in\,\xi \cdot \cos\xi$$

$$\mathcal{L}(\xi) = 2 \cdot \mathcal{C}of\,\xi \cdot \cos\xi$$

$$\gamma(\xi) = 2 \cdot \mathcal{S}in\,\xi \cdot \sin\xi .$$

Daraus folgt:

$$\frac{\alpha(\xi)}{\mathcal{L}(\xi)} = \frac{1}{2}(\mathcal{T}g\,\xi + \mathrm{tg}\,\xi)$$

$$\frac{\mathcal{B}(\xi)}{\gamma(\xi)} = \frac{1}{2}(\mathcal{C}tg\,\xi - \mathrm{ctg}\,\xi) .$$

8.35 Lösung der Frequenzgleichungen

Dazu wird ein graphisches Lösungsverfahren benutzt. In einem Diagramm werden mit der Abszisse ξ die Quotienten der Frequenzfunktion $\dfrac{\mathcal{L}(\xi)}{\alpha(\xi)}$ und $\dfrac{\gamma(\xi)}{\mathcal{B}(\xi)}$ ferner die rationalen Funktionen $\dfrac{\xi^3}{\varphi}; -\dfrac{\psi}{\xi}; 0$ eingezeichnet.

Die Abszissen der Schnittpunkte dieser Kurvenscharen mit den einzelnen Ästen von $\dfrac{\mathcal{L}}{\alpha}$ und $\dfrac{\gamma}{\mathcal{B}}$ sind die Lösungen ξ der Gleichung I.

Aus diesen Lösungen der Frequenzgleichung werden die zugehörigen Werte m und ω ermittelt zu

$$m = \frac{2 \cdot \xi}{l} \qquad\qquad \omega = m^2 \sqrt{\frac{g \cdot E \cdot J}{\gamma \cdot F}}$$

$$\underline{\omega = \frac{4 \cdot \xi^2}{l^2} \sqrt{\frac{g \cdot E \cdot J}{\gamma \cdot F}} \qquad \left[\frac{1}{s}\right]}$$

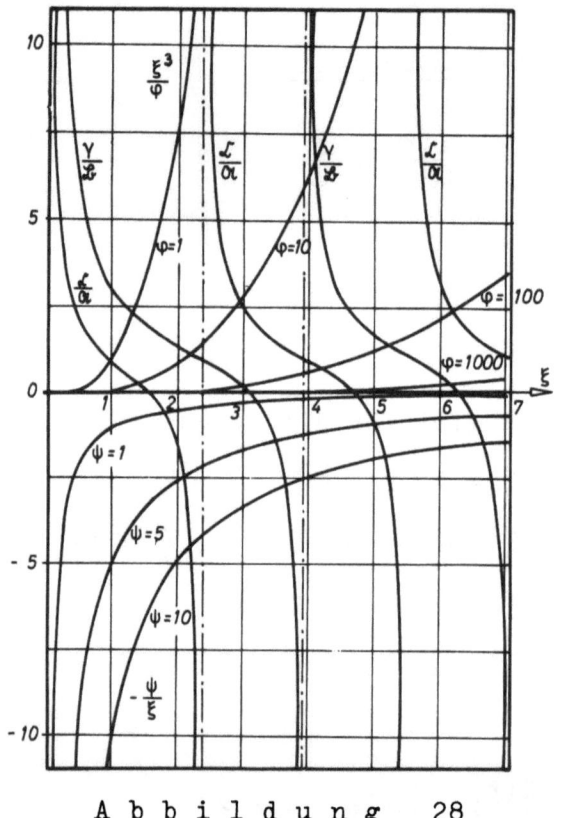

Abbildung 28

Diagramm zur graphischen Lösung
der speziellen Frequenzgleichung

8.36 Eigenfrequenzen des quer- und drehgefederten Balkens

Allgemeine Frequenzgleichungen:

$$(\xi^4 - \varphi\cdot\psi)\,\alpha(\xi) + \psi\xi^3\gamma(\xi) - \varphi\xi\mathcal{L}(\xi) = 0$$

$$(\xi^4 - \varphi\cdot\psi)\,\mathcal{B}(\xi) - \psi\xi^3\mathcal{L}(\xi) - \varphi\xi\gamma(\xi) = 0 \ .$$

Die allgemeine Behandlung ist wesentlich erschwert, weil ξ von zwei Parametern (φ und ψ) abhängig ist.

Die Frequenzen dieses Balkens liegen zwischen denen des quer- und drehgefederten Balkens von gleichem φ bzw. ψ -Wert. Damit kann $\xi(\varphi,\psi)$ in erster Annäherung geschätzt werden, die Schätzung in die Frequenzgleichung durch Einsetzen kontrolliert und durch Korrigieren schließlich der genaue Wert gefunden werden.

8.4 Ermittlung der Schwingungsformen

Nachdem die Eigenfrequenzen mit ξ, m und ω bekannt sind, braucht nur der gefundene m-Wert in die allgemeine Gleichung

$$y(x) = A\,\mathfrak{Sin}\,mx + B\,\mathfrak{Cos}\,mx + C\sin mx + D\cos mx$$

eingesetzt zu werden. Bei symmetrischen Auflagerbedingungen ist die Schwingungsform symmetrisch oder asymmetrisch. Dadurch vereinfacht sich der Ansatz für die symmetrische Form zu

$$y(x) = B \operatorname{Cof} mx + D \cos mx$$

asymmetrisch

$$y(x) = A \operatorname{Sin} mx + C \sin mx \ .$$

Greift man noch einmal auf die Randbedingungen zurück, so läßt sich einer der Koeffizienten (B,D bzw. A,C) eliminieren, so daß nur ein Koeffizient bestehen bleibt. y(x) kann somit bis auf einen unbestimmten Faktor bestimmt werden. Dieses entspricht dem physikalischen Sachverhalt, da bei einer freien Schwingung der Absolutwert der Amplituden beliebig sein kann.

Der Einfluß der Federkennzahl auf die Schwingungsform für die Grund- und 1. Oberschwingung des quergefederten Balkens ist aus den Abbildungen 29 und 30 ersichtlich.

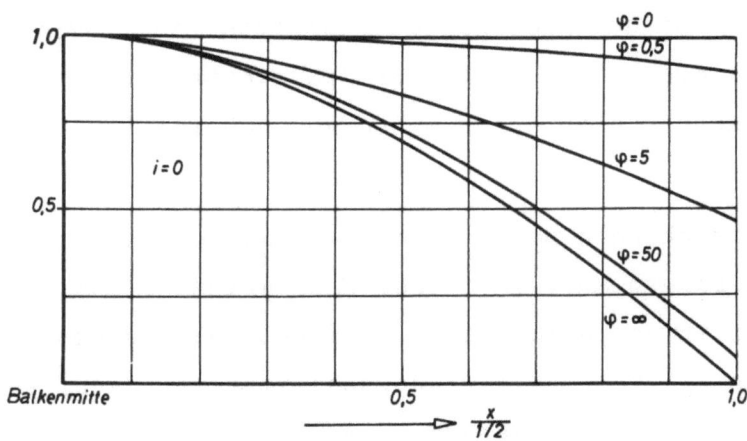

A b b i l d u n g   29

Schwingungsform des quergefederten Balkens, Grundschwingung

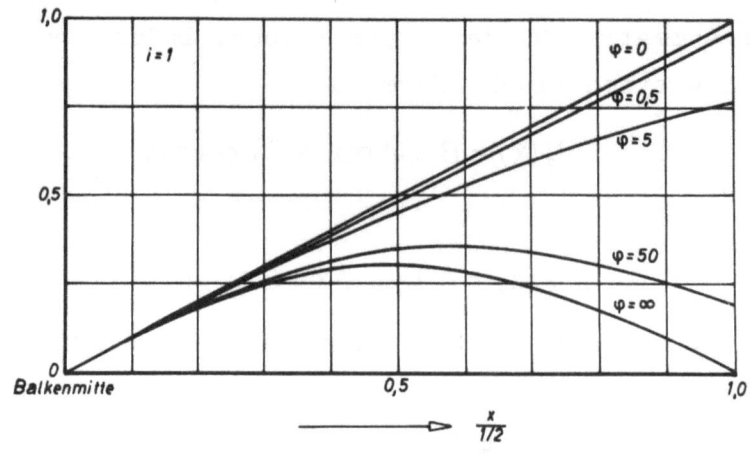

Abbildung 30

Schwingungsform des quergefederten Balkens
1. Oberschwingung

8.5 Berechnung der Eigenschwingungszahlen des elastisch gelagerten Motor-Getriebeblocks

Die im vorhergehenden Abschnitt behandelte Theorie der Biegeschwingungen elastischer Balken bezog sich, wie schon ausgeführt, auf Balken mit gleichem Trägheitsmoment und gleicher Querschnittsfläche. Eine schwache Änderung des Balkenquerschnitts längs der Spannweite hat auf die Grundgleichungen der Balkenbiegelehre nur einen von höherer Ordnung kleinen Einfluß.

Bei dem zu untersuchenden Balken (Motor-Getriebeblock) treten starke Querschnittsänderungen auf. In diesem Fall weicht die Spannungsverteilung merklich von der in der allgemeinen Balkenbiegelehre erhaltenen ab, aber nur in der nächsten Umgebung der Querschnittsänderungen. Auf die elastische Linie aber haben die Änderungen im Querschnitt, wegen der lokalen Begrenzung der Überspannungen, praktisch keine Einwirkung. In der Differentialgleichung der elastischen Linie kann die Veränderlichkeit des Trägheitsmomentes dem Biegemoment M_b zugeschlagen werden, so daß man erhält:

$$y'' = \pm \frac{M_b(x) \cdot J_o}{\frac{J(x)}{J_0 \cdot E}} = \pm \frac{M_{b\,red}}{J_0 \cdot E}$$

Mit $M_{b\,red}$ ist die Differentialgleichung auf die bekannte Form mit konstantem Trägheitsmoment gebracht und die allgemeinen Lösungsmethoden sind anwendbar, besonders das zeichnerische Verfahren nach MOHR.

Die allgemeine Formel für die Eigenfrequenz lautet:

$$\omega = \frac{4 \cdot \xi^2}{l^2} \sqrt{\frac{g \cdot E \cdot J}{\gamma \cdot F}} \quad \left[\frac{1}{s}\right]$$

Veränderlich ist in dieser Gleichung der Frequenzwert ξ, der die verschiedenen Auflagerbedingungen berücksichtigt. Der Wurzelausdruck ist bei gegebenem Balken konstant, da er nur von den Abmessungen abhängig ist.

Um die gleichen Lösungsmethoden wie beim Balken mit konstantem I anwenden zu können, wird folgender Lösungsweg beschritten:

a) Zeichnerische Ermittlung der Eigenschwingungszahl des Motor-Getriebeblocks (Balken aufliegend auf zwei Stützen).

b) Die gefundene Eigenfrequenz wird in die Frequenzformel für aufliegende Balken eingesetzt:

$$\omega_i = \frac{(i+1)^2 \cdot \pi^2}{l^2} \sqrt{\frac{g \cdot E \cdot J}{\gamma \cdot F}} \quad \left[\frac{1}{s}\right]$$

Damit erhält man ein reduziertes Trägheitsmoment, welches die gleiche Eigenschwingungszahl bei gleichbleibender Balkenlänge bedingt.

c) Berücksichtigung der speziellen Auflagerbedingungen.

Berechnungsgrundlagen:

Motorgewicht   1350 [kg]
Getriebegesamtgewicht   400 [kg]
Getriebehals   175 [kg]
Getriebeschwerpunkt   15 [mm] von Achsmitte
Gesamtgewicht   2150 [kg]
Gesamtmasse   2,19 $\left[\frac{kg \, s^2}{cm}\right]$

Federwerte, statisch c = λ = 9000 [kg/cm]; c_t = $\varkappa$ = 25000 $\left[\frac{kg \, m}{Bg}\right]$

Diese Werte sind den Eichkurven entnommen.

Wie in dem Abschnitt über die elastische Getriebekupplung schon ausgeführt wurde, ist bei dem zu erwartenden Frequenzgebiet

$$\frac{c_{dyn}}{c_{stat}} = \frac{115}{75} = 1,5$$

Damit ergibt sich:

$$\lambda = 13\ 500\ \left[\frac{kg}{cm}\right]$$

$$\varkappa = 37\ 500\ \left[\frac{kg\ m}{Bg}\right]$$

Dämpfungseinflüsse werden bei der Rechnung vernachlässigt.

8.51 Ermittlung der Eigenschwingungszahl des aufliegenden Balkens:

Die Berechnung erfolgt mit Hilfe des zeichnerischen Verfahrens nach STODOLA. Die erforderlichen achsialen Trägheitsmomente wurden aus den vorhandenen Konstruktionszeichnungen ermittelt. Ferner bleiben bei der praktischen Durchführung des Verfahrens, die auf den nächsten Seiten erfolgt, die geringfügig über die Auflager hinausgehenden Balkenenden unberücksichtigt.

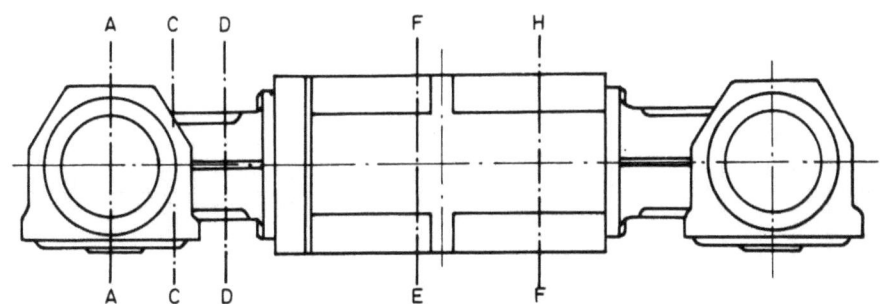

Rechengrößen: I_A u. $I_C = 20\,000\,cm^4$; $I_D = 4\,100\,cm^4$; $I_F = 115\,000\,cm^4$; $I_H = 26\,000\,cm^4$

Querschnitt	Teil	F cm²	e cm	F·e cm³	e_o cm	e_o^2 cm²	$F·e_o^2$ cm⁴	I_o cm⁴	$I = I_o + F·e_o^2$ cm⁴
A - A	1	4,8	22,2	106,2	20,93	438	2100		2100
	2	6,0	18,0	108,0	16,73	278	1668	$\frac{1,2 \cdot 5^3}{12} = 12,5$	1680
	3	15,0	15,0	225,0	13,73	186	2800		2800
	4	13,65	15,0	205,0	16,27	265	3600		3600
	5	9,7	17,7	172,0	18,97	358	3480		3480
$I_{Ages} = 27\,320\,cm^4$	Summe	49,15	η=1,27		$e_o = e + η$				13 660
C - C	1	22,6			1,5	2,25	60	$\frac{0,9 \cdot 29^3}{12} = 1830$	1890
	2	13,2	14,6	193,0	13,1	172	2275		2275
	3	8,4	14,4	121,0	15,9	253	2240		2240
$I_{Cges} = 12\,810\,cm^4$	Summe	48,2	η=1,5						6405
D - D	1	73,9	–	–	0,52	0,26	19,8	$\frac{\pi}{64}(20,8^4 - 18,4^4)$ = 3570	3589
	Σ 2	4,5	10,6	47,7	10,08	101,6	456		456
	Σ 3	4,5	–	–	0,52	0,26	1,17		1
$I_{Dges} = 4046\,cm^4$	Summe	82,9	η=0,52						4046
F - F	Σ 1	132						9000	9000
	Σ 2	88,8			15,0	225,0	20000		20000
	Σ 3	170			22,5	506,25	88000		86 000
$I_{Fges} = 115\,000\,cm^4$	Summe								115 000
H - H	Σ 1	14,0			19,25	370	5200		5200
	Σ 2	33,0			14,75	217	7190		7190
	Σ 3							3460	3460
	Σ 4	14 6			20,00	400	5840		5840
	Σ 5	10,0			20,00	400	4000		4000
$I_{Hges} = 25\,690\,cm^4$	Summe								25 690

Abbildung 31

Bestimmung der achsialen Trägheitsmomente des Motor-Getriebeblocks

Wertetafeln für die Bestimmung der Eigenschwingungszahl nach Stodola.

Statische Durchbiegung

a) Bestimmung der Gewichtsbelastung

Querschnitt	Gesamtbelastung [kg]	Größe im Kräfteplan cm
D	175	0,875
F	1350	6,750
K	175	0,875

b) Bestimmung der Momente und Belastungsflächen

Quer-schnitt	J cm^4	$\frac{J_0}{J}$ $J_0=10^4$cm^4	M_{bZ} cm	$\frac{J_0}{J}M_{bZ}$ cm	Belastungsfläche Mittlere Höhe cm	Belastungsfläche Grund-linie cm	Belastungsfläche Inhalt cm^2	Belastungsfläche Belastungs-fläche in cm gez.	Be-zeich-nung
A	20000	0,500	–	–					
C	20000 / 4100	0,500 / 2,440	1,06	0,530 / 2,590	0,265	1,15	0,304	0,304	I
D	4100	2,440	1,56	3,800	3,198	0,55	1,760	1,760	II
E	4100 / 115000	2,440 / 0,087	2,00	4,880 / 0,174	4,343	0,55	2,380	2,380	III
F	115000	0,087	3,40	0,296	0,235	2,00	0,470	0,470	IV
G	115000 / 26000	0,087 / 0,385	2,76	0,240 / 1,060	0,268	1,00	0,268	0,268	V
H	26000	0,385	2,20	0,846	0,953	0,75	0,714	0,714	VI
J	26000 / 4100	0,385 / 2,440	1,80	0,692 / 4,392	0,769	0,75	0,576	0,576	VII
K	4100	2,440	1,46	3,564	3,978	0,55	2,190	2,190	VIII
L	4100 / 20000	2,440 / 0,500	1,00	2,440 / 0,500	3,002	0,55	1,650	1,650	IX
B	20000	0,500	–	–	0,250	1,15	0,288	0,288	X

Dynamische Durchbiegung

a) Bestimmung der Fliehkräfte

Querschnitt	y_z cm	$y = \frac{y_z}{k}$ cm	$\frac{\omega^2}{g}$ 1/cm	G [kg]	$C = G\frac{\omega^2}{g}y$ [kg]	Größe im Kräfteplan cm
D	1,60	0,00305	238,4	175	127	0,635
F	2,16	0,00412	238,4	1350	1330	6,650
K	1,70	0,00324	238,4	175	135	0,675

b) Bestimmung der Momente und Belastungsflächen

Quer-schnitt	J cm^4	$\frac{J_0}{J}$ $J_0=10^4$cm^4	M_{bZ} cm	$\frac{J_0}{J}M_{bZ}$ cm	Belastungsfläche Mittlere Höhe cm	Belastungsfläche Grund-linie cm	Belastungsfläche Inhalt cm^2	Belastungsfläche Belastungs-fläche in cm gez.	Be-zeich-nung
A	20000	0,500	–	–					
C	20000 / 4100	0,500 / 2,440	1,00	0,500 / 2,440	0,250	1,15	0,288	0,288	I'
D	4100	2,440	1,50	3,660	3,050	0,55	1,680	1,680	II'
E	4100 / 115000	2,440 / 0,087	1,84	4,500 / 0,160	4,080	0,55	2,246	2,246	III'
F	115000	0,087	3,30	0,288	0,244	2,00	0,448	0,448	IV'
G	115000 / 26000	0,087 / 0,385	2,64	0,230 / 1,016	0,259	1,00	0,259	0,259	V'
H	26000	0,385	2,20	0,846	0,931	0,75	0,700	0,700	VI'
J	26000 / 4100	0,385 / 2,440	1,70	0,652 / 4,140	0,749	0,75	0,560	0,560	VII'
K	4100	2,440	1,40	3,416	3,778	0,55	2,080	2,080	VIII'
L	4100 / 20000	2,440 / 0,500	0,90	2,200 / 0,450	2,808	0,55	1,440	1,440	IX'
B	20000	0,500	–	–	0,225	1,15	0,260	0,260	X'

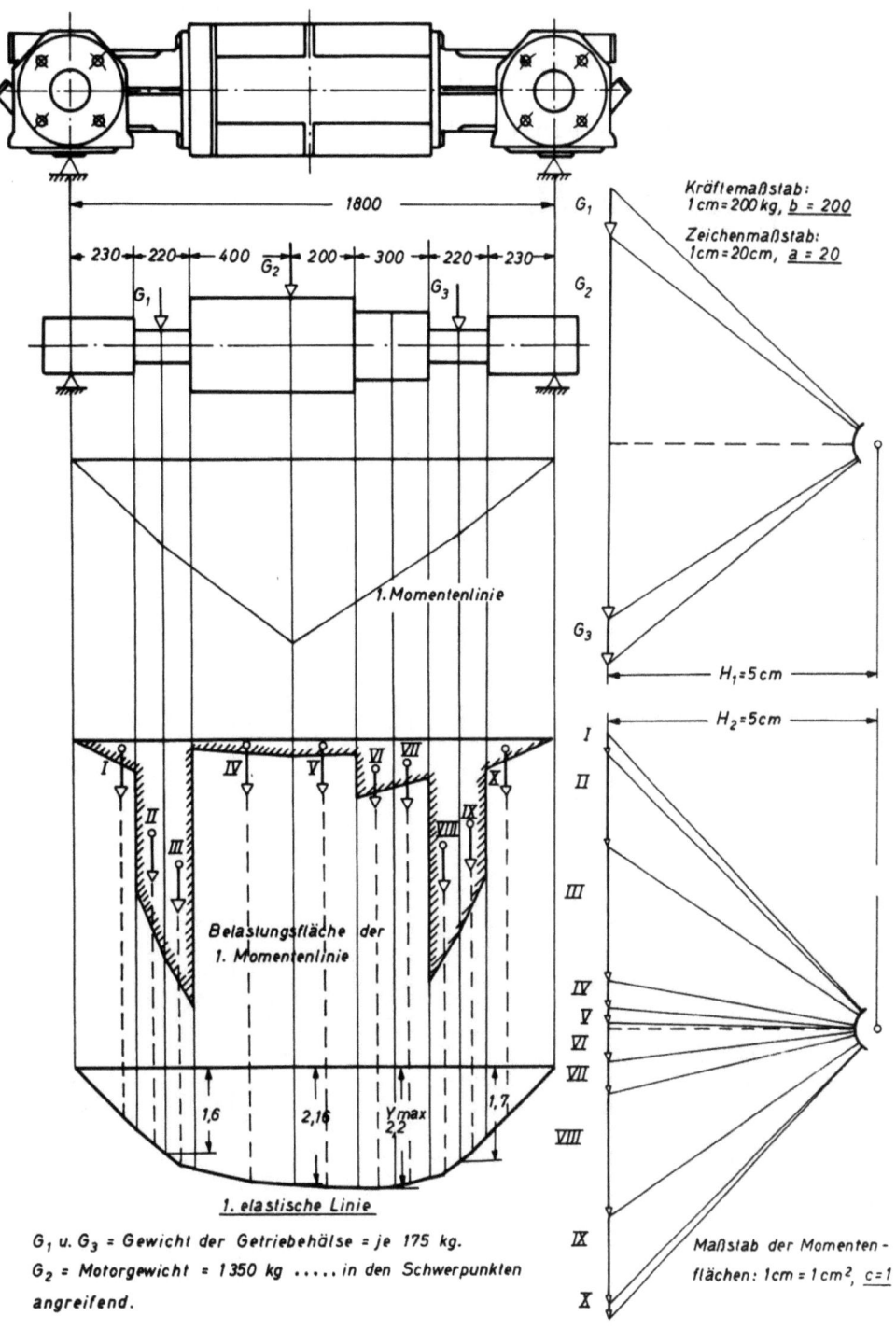

Abbildung 32

1. Ermittlung der elastischen Eigenfrequenz des Motor-Getriebeblocks

Mit der zeichnerischen Durchbiegung y_{ozmax} = 2,2 cm gilt in erster Annäherung:

$$f_e = \frac{5}{\sqrt{\max y_o}} \quad [\text{Hz}]$$

$$y_o = \frac{y_{oz}}{K} \qquad K = \frac{E \cdot I_o}{a^3 \cdot b \cdot c \cdot H_1 \cdot H_2} = \frac{2{,}1 \cdot 10^6 \cdot 10^4}{20^3 \cdot 200 \cdot 1 \cdot 5 \cdot 5} = 525$$

$$y_{o\max} = \frac{2{,}2 \text{ cm}}{525} = 0{,}0042 \ [\text{cm}]$$

daraus ergibt sich als erste Näherung

$$f_{eI} = \frac{5}{\sqrt{0{,}0042}} = \underline{\underline{77 \ [\text{Hz}]}}$$

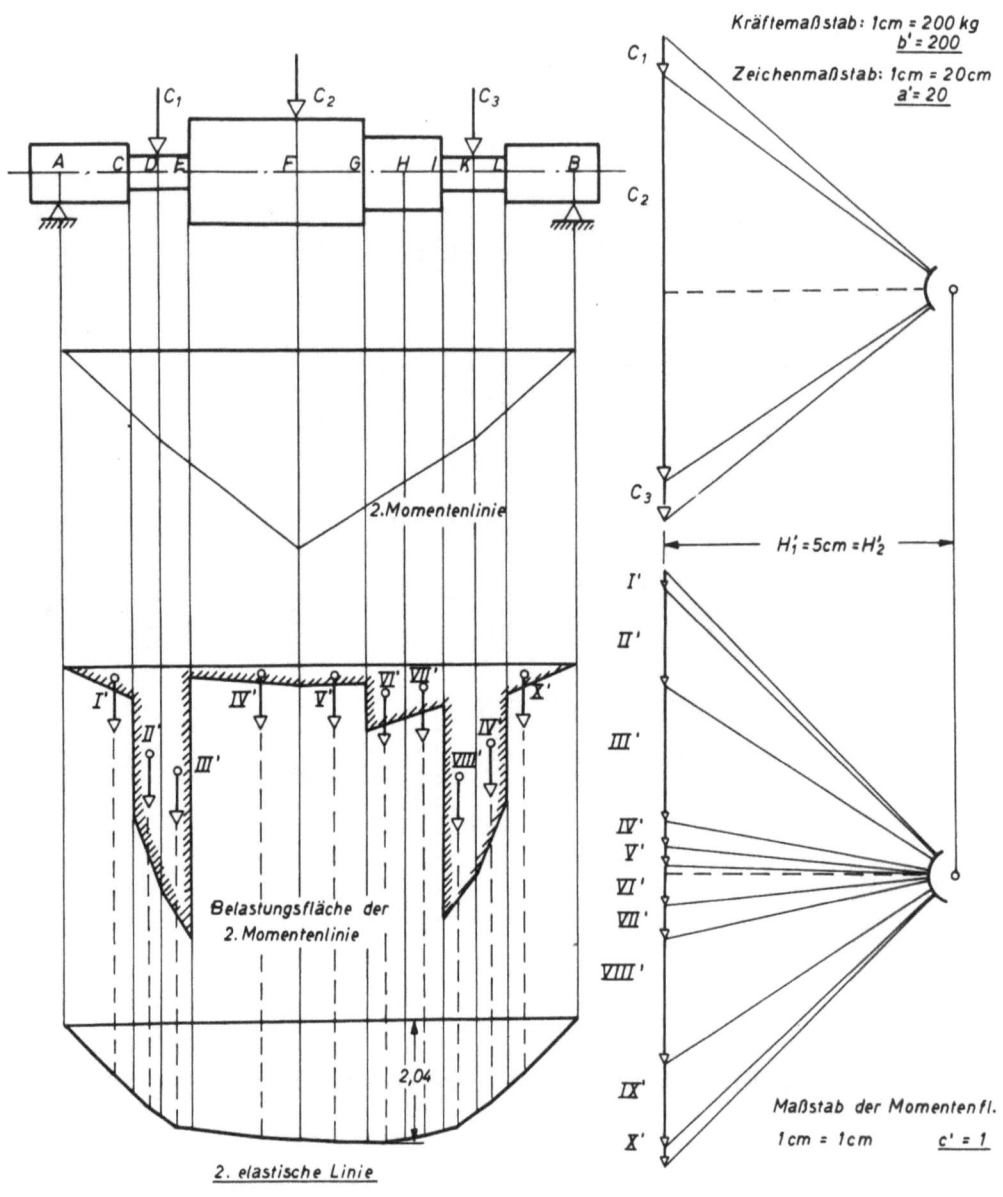

Abbildung 33

2. Ermittlung der elastischen Eigenfrequenz des Motor-Getriebeblocks

Die zeichnerische Durchbiegung beträgt:

$y'_{ozmax} = 2,04$ cm

Die wahre Durchbiegung ist:

$$y_o' = \frac{y_o'z}{K'} \qquad K' = \frac{E \cdot J_o}{a'^3 \cdot b' \cdot c' \cdot H_1' \cdot H_2'} = \frac{2,1 \cdot 10^6 \cdot 10^4}{20^3 \cdot 200 \cdot 1 \cdot 5 \cdot 5} = 525$$

$$y_o'{}_{max} = \frac{2,04 \text{ cm}}{525} = 0,0039 \text{ [cm]}$$

mit

$$f_e = f_{eI} = \sqrt{\frac{y_{omax}}{y_o'{}_{max}}}$$

erhält man für die elastische Eigenfrequenz $f_e = 77 \cdot \sqrt{\frac{0,0042}{0,0039}}$

$$\underline{f_e = 80 \text{ [Hz]}}$$

8.52 Berechnung der für die weitere Rechnung benötigten Werte

Die elastische Eigenfrequenz des aufliegenden Balkens (Motor-Getriebeblock) beträgt also nach der vorhergehenden Berechnung

$$\omega = 502,4 \left[\frac{1}{\text{sek}}\right] \qquad f_o = 80,0 \text{ [Hz]}$$

In die Frequenzformel eingesetzt für $\omega_i = \omega_o$

$$\omega_o = \frac{\pi^2}{l^2}\sqrt{\frac{g \cdot E \cdot J}{\gamma \cdot F}} = 502,4 \left[\frac{1}{s}\right]$$

$$\left[\sqrt{\frac{g \cdot E \cdot J}{\gamma \cdot F}}\right] = \frac{502,4 \cdot 180^2}{\pi^2} = 165 \cdot 10^4 \left[\frac{\text{cm}^2}{\text{s}}\right]$$

mit $\frac{\gamma \cdot F \cdot l}{g} = M = 2,19 \left[\frac{\text{kg} \cdot \text{s}^2}{\text{cm}}\right]$ wird

$$E \cdot J = \frac{165^2 \cdot 10^8 \cdot 2,19}{180} = 33 \cdot 10^9 \text{ [kg cm}^2\text{]}$$

$$\underline{J_{red} = 15714 \text{ [cm}^4\text{]}}$$

8.53 Berücksichtigung der speziellen Auflagerbedingungen

Der quergefederte Motor-Getriebeblock

Bestimmung von φ :

$$\varphi = \frac{\lambda \cdot l^3}{8 \cdot J \cdot E} = \frac{13500 \cdot 180^3}{8 \cdot 33 \cdot 10^9} = \underline{0,298}$$

Aus dem Diagramm für quergefederte Balken ($\xi = f(\varphi)$) ergibt sich für

$$\varphi = 0,298 \ldots\ldots\ldots \xi_o = 0,73 \; ; \; \xi_1 = 0,96$$

Werden die ξ-Werte in die Frequenzformel eingesetzt, so erhält man:

$$\omega_o = \frac{4 \cdot \xi_o^2}{l^2} \sqrt{\frac{g \cdot E \cdot J}{\gamma \cdot F}} = \frac{4 \cdot 0,73^2}{180^2} \cdot 165 \cdot 10^4 = \underline{108,6 \left[\frac{1}{s}\right]}$$

$$f_o = \frac{\omega}{2 \cdot \pi} = \underline{17,35 \; [Hz]}$$

$$\omega_I = \frac{4 \cdot \xi_1^2}{l^2} \sqrt{\frac{g \cdot E \cdot J}{\gamma \cdot F}} = \frac{4 \cdot 0,96^2}{180^2} \cdot 165 \cdot 10^4 = 192 \left[\frac{1}{s}\right]$$

$$f_I = \frac{\omega_I}{2\pi} = \underline{30,5 \; [Hz]}$$

Der drehgefederte Balken

Die Grundfrequenzen liegen auf dem unterhalb der ξ-Achse gelegenen Teil des ersten Astes von $\frac{c}{\alpha}$. Die Grenzwerte für $\psi = o$ und $\psi = \infty$ sind:

$$\lim_{\psi=o} \xi_o \rightarrow \frac{\pi}{2}; \qquad \lim_{\psi=\infty} \xi_o \rightarrow 2,3655$$

Dieses sind die ξ_o-Werte dür den aufliegenden und den eingespannten Balken. Für alle Zwischenwerte gilt für den drehgefederten Balken:

$o \leq \psi \leq \infty$; $\pi/2 \leq \xi_o \leq 2,3655$

Bestimmung von ψ :

$$\psi = \frac{\varkappa \cdot l}{2 \cdot E \cdot J} = \frac{37,5 \cdot 10^5 \cdot 180}{2 \cdot 33 \cdot 10^9} = \underline{0,0102}$$

Aus dem Diagramm $\xi_o = f(\psi)$ für den drehgefederten Balken ergibt sich für den Wert $\psi = 0,0102$ der ξ_o-Wert zu $\pi/2$. Wenn nur Drehfederung vorläge, entspräche die Eigenschwingungszahl der des aufliegenden Balkens (f_o = 80 Hz).

Da aber durch die Gummifeder gleichzeitig eine Querfederung verbunden ist, so gelangt man bei immer kleiner und schließlich zu Null werdendem $\varkappa$ bzw. ψ zum nur quergefederten Balken, so daß nur die Querfederung das Schwingungsverhalten bestimmt.

Setzt man in der Frequenzgleichung

$$(\xi^4 - \varphi\psi)\alpha(\xi) + \psi\xi^3\gamma(\xi) - \varphi\xi\mathcal{L}(\xi) = 0; \quad \psi = 0$$

so erhält man:

$$\xi^4\alpha(\xi) - \varphi\xi\mathcal{L}(\xi) = 0; \quad \xi^3\alpha(\xi) - \varphi\mathcal{L}(\xi) = 0 .$$

Das aber ist die Frequenzgleichung für nur quergefederte Balken.

In diesem Falle ist ψ nicht gleich Null, aber sehr klein. Darum wird der ξ_o-Wert ungefähr dem des quergefederten Balkens entsprechen. Um einen genaueren Wert zu finden, werden verschiedene ξ-Werte in die Frequenzgleichung eingesetzt.

Berechnung des ξ-Wertes:

$$(\xi^4 - \varphi\cdot\psi)\alpha(\xi) + \psi\xi^3\gamma(\xi) - \varphi\xi\mathcal{L}(\xi) = 0$$

$$\alpha(\xi) = \mathcal{C}of\xi\cdot\sin\xi + \mathcal{S}in\xi\cos\xi$$

$$\gamma(\xi) = 2\,\mathcal{S}in\xi\cdot\sin\xi$$

$$\mathcal{L}(\xi) = 2\,\mathcal{C}of\xi\cdot\cos\xi$$

$$\varphi = 0{,}298; \quad \psi = 0{,}0102; \quad \varphi\cdot\psi = 0{,}00304.$$

$\xi = 0{,}73$

$\alpha(\xi) = 1{,}27849 \cdot 0{,}66687 + 0{,}79659 \cdot 0{,}74519 = 1{,}441$

$\gamma(\xi) = 2 \cdot 0{,}79659 \cdot 0{,}66687 \qquad\qquad = 1{,}060$

$\mathcal{L}(\xi) = 2 \cdot 1{,}27849 \cdot 0{,}74517 \qquad\qquad = 1{,}905$

$(0{,}73^4 - 0{,}00304)\, 1{,}441 + 0{,}0102\, (0{,}73)^3 \cdot 1{,}060$

$- 0{,}298 \cdot 0{,}73 \cdot 1{,}905 =$

$\qquad = 0{,}40508 + 0{,}00437 - 0{,}41500 = \underline{-0{,}006} \neq 0$

$\xi = 0{,}74$

$\alpha(\xi) = 1{,}28652 \cdot 0{,}67429 + 0{,}80941 \cdot 0{,}73847 = 1{,}465$

$\gamma(\xi) = 2 \cdot 0{,}80941 \cdot 0{,}67429 \qquad\qquad = 1{,}090$

$\mathcal{L}(\xi) = 2 \cdot 1{,}28652 \cdot 0{,}73847 \qquad\qquad = 1{,}900$

$(0{,}74^4 - 0{,}00304) \cdot 1{,}465 + 0{,}0102 \cdot (0{,}74)^3 \cdot 1{,}090 -$
$- 0{,}298 \cdot 0{,}74 \cdot 1{,}900 =$
$\qquad\qquad = 0{,}4346 + 0{,}00450 - 0{,}41898 = \underline{+\ 0{,}02012}$

$\xi = 0{,}735$

$\alpha(\xi) = 1{,}2825 \cdot 0{,}67058 + 0{,}80300 \cdot 0{,}74180 = 1{,}4552$

$\gamma(\xi) = 2 \cdot 0{,}80300 \cdot 0{,}67058 \qquad\qquad = 1{,}076$

$\mathcal{L}(\xi) = 2 \cdot 1{,}28250 \cdot 0{,}74182 \qquad\qquad = 1{,}903$

$(0{,}735^4 - 0{,}00304) \cdot 1{,}4552 + 0{,}0102 \cdot 0{,}735^3 \cdot 1{,}076 -$
$- 0{,}298 \cdot 0{,}735 \cdot 1{,}903 =$
$\qquad\qquad = 0{,}41900 + 0{,}00434 - 0{,}4167 = \underline{+\ 0{,}0066}$

Der Frequenzwert ξ_o liegt also zwischen 0,730 und 0,735. Der Wert $\xi_o = 0{,}735$ ist als ziemlich genau anzusehen, da mit diesem Wert die Frequenzgleichung fast erfüllt wird.

Mit $\xi_o = 0{,}735$ ergibt sich also eine Eigenfrequenz der Grundschwingung von

$$\omega_o = \frac{4 \cdot 0{,}735^2}{180^2} \cdot 165 \cdot 10^4 \quad \left[\frac{1}{s}\right]$$

$$\omega_o = 110 \quad \left[\frac{1}{s}\right]$$

$$f_o = \frac{\omega_o}{2\pi} = 17{,}5 \ [\text{Hz}]$$

Diese Frequenz entspricht fast genau der Frequenz des quergefederten Balkens, die sich zu $f_o = 17{,}35$ Hz ergeben hatte. Dieses mußte auf Grund des kleinen $\varkappa$ bzw. ψ-Wertes, wie schon ausgeführt wurde, erwartet werden. Dementsprechend ist die Frequenz der 1. Oberschwingung entsprechend der 1. Oberschwingung des quergefederten Balkens. Somit betragen die sekundlichen Eigenschwingungszahlen des elastisch gelagerten Motor-Getriebeblocks für die Grund- und 1. Oberschwingung:

$$f_o = 17{,}5 \ [\text{Hz}]; \qquad\qquad f_I = 30{,}5 \ [\text{Hz}].$$

9. Experimentelle Bestimmung der Eigenfrequenzen und der Schwingungsformen des Motor-Getriebeblocks

Auf Grund der bei den Fahrversuchen gewonnenen Erkenntnisse über das Verhalten des Schwingungsgebildes Motor-Getriebeblock in Verbindung mit den elastischen Getriebekupplungen und der Berechnung, hatten sich die Eigenschwingungszahlen des elastisch gelagerten Motor-Getriebeblocks, ausgerüstet mit der Gummiqualität A 560 von ca. 18 Hz für die Grundschwingung und ca. 30 Hz für die Oberschwingung ergeben. Die experimentelle Bestimmung der Eigenschwingungszahl sollte also den Beweis für die Richtigkeit der Theorie und Berechnung erbringen. Aus diesem Grunde wurde das Frequenzgebiet bis zu 35 Hz besonders eingehend untersucht.

Die Messungen wurden mit den für Schwingungsuntersuchungen üblichen Meßgeräten durchgeführt. Als Schwingungserreger diente ein Philips-Erreger mit induktiver Erregung in Verbindung mit dem dazugehörigen NF-Generator und einem Kraftverstärker. Aufgenommen wurden die Schwingungen mit einem elektrodynamischen Erschütterungsaufnehmer. Als Anzeigegeräte dienten ein NF-Millivoltmeter bzw. ein Oszillograph. Die Eigenschwingungsformen wurden mit Hilfe von zwei Aufnehmern, einem elektronischen Schalter, einem Oszillographen und den Geräten für die Schwingungserregung bestimmt.

Die Resonanzfrequenzen konnten eindeutig mit der beschriebenen Meßeinrichtung bestimmt werden. Dabei ergaben sich für den mit den Gummikupplungen A 560 elastisch gelagerten Motor-Getriebeblock folgende Eigenschwingungszahlen:

Für die Grundschwingung:
$$f_o = 18 \, [\text{Hz}]$$

Für die 1. Oberschwingung:
$$f_I = 30 \, [\text{Hz}]$$

Um diese Meßergebnisse schriftlich fixieren zu können, wurden die erregten Schwingungen des Motor-Getriebeblocks in dem Frequenzbereich von 10 bis 32 Hz mit dem Lichtpunkt-Linienschreiber aufgenommen. Aus den umseitigen Meßergebnissen sind deutlich die maximalen Amplituden bei $f = 18$ Hz und $f = 30$ Hz zu entnehmen. (Papiergeschw. = 100 mm/sec.) Die besonders bei den Schwingungsmessungen außerhalb der Resonanzgebiete deutlich werdenden Oberschwingungen von 50 Hz (Netzfrequenz) sind einer meßtechnischen Störung zuzuschreiben (nicht ausreichende Erdung der

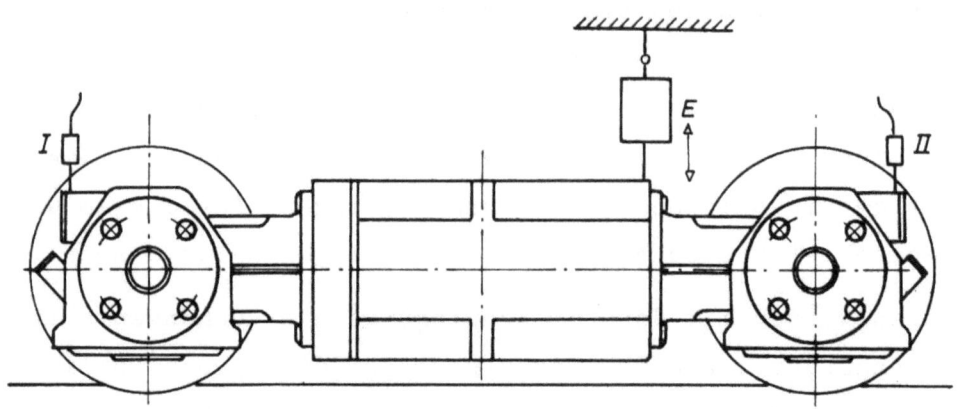

Abbildung 34

Schema der Versuchsanordnung

I = feststehender Aufnehmer zur Ermittlung der Phasenlage
II = beweglicher Aufnehmer, der den Balken in Längsrichtung abtastet
E = Schwingungserreger
a = Meßpunkte vom linken Balkenende aus gesehen

Meßgeräte). Die eigentliche Schwingungsmessung wird davon nicht beeinflußt.

Die Eigenschwingungsformen der Grund- und 1. Oberschwingung wurden ebenfalls ermittelt und im folgenden zeichnerisch dargestellt (Abb.35).

Meßwerte für Grundschwingung von 18 Hz.

a [mm]	0	100	170	250	300	400	630	700	780	960	1000	1100	1200	1550	1620	1850	1950	2080
Amplituden	3,05	3,2	3,3	3,45	3,5	3,65	3,9	3,95	4,0	4,0	4,0	4,0	4,0	3,95	3,9	3,6	3,45	3,25
Phasenlage	gleich --	--	--	--	--	--	--	--	--	--	--	--	--	--	--	--	--	--

Meßwerte für die Oberschwingung von 30 Hz.

a [mm]	0	100	150	250	300	420	670	830	900	1000	1200	1290	1450	1550	1600	1850	1950	2100
Amplituden	1,85	1,75	1,7	1,5	1,4	1,2	0,8	0,5	0,4	0,2	0,2	0,4	0,6	0,7	0,9	1,3	1,5	1,8
Phasenlage	gegen--	--	--	--	--	--	--	--	--	--	--	gleich	--	--	--	--	--	--

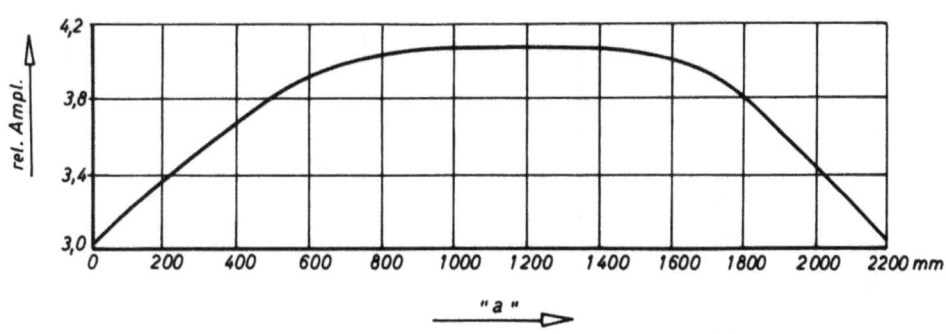

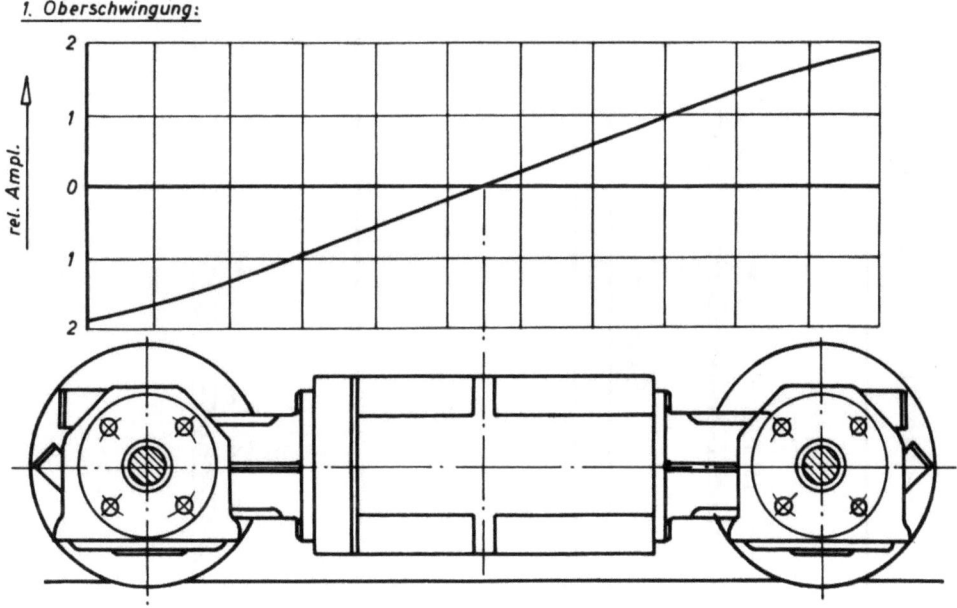

Abbildung 35

Eigenschwingungsformen des elastisch gelagerten
Motor-Getriebeblocks

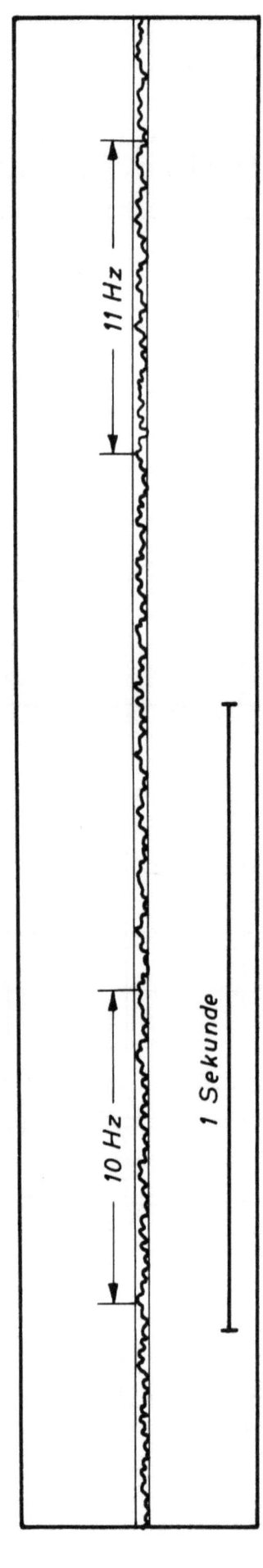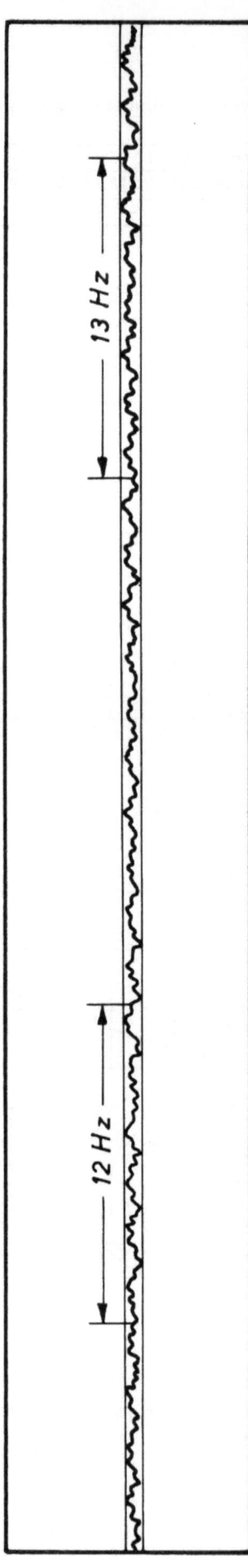

Bestimmung der Eigenschwingungszahlen (Fortsetzung)

Papiergeschwindigkeit 100 mm/s

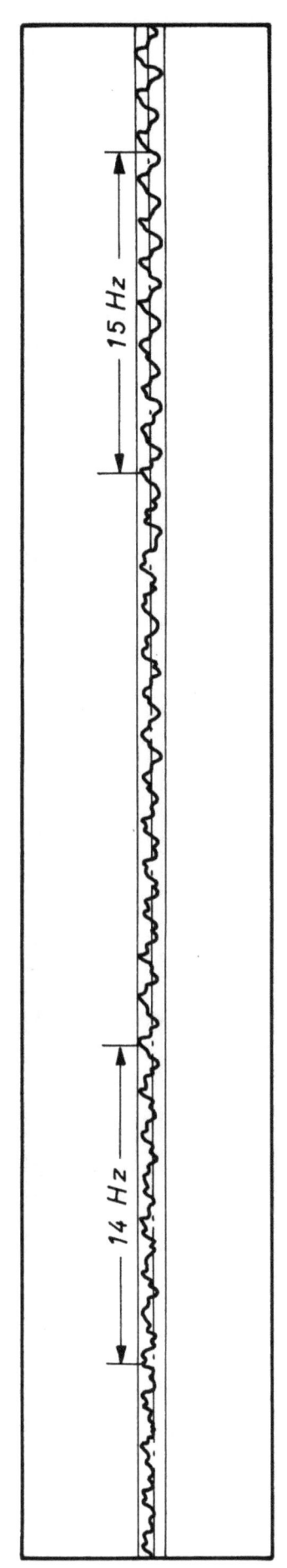

Fortsetzung

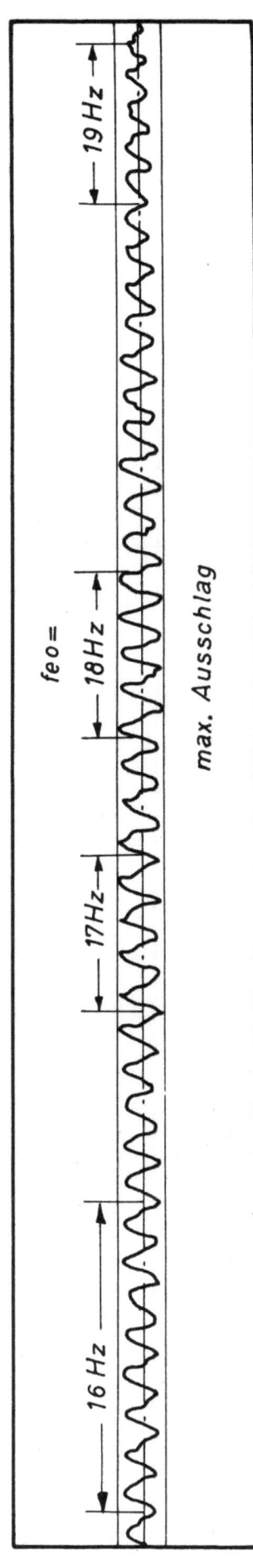

$f_{eo} =$

max. Ausschlag

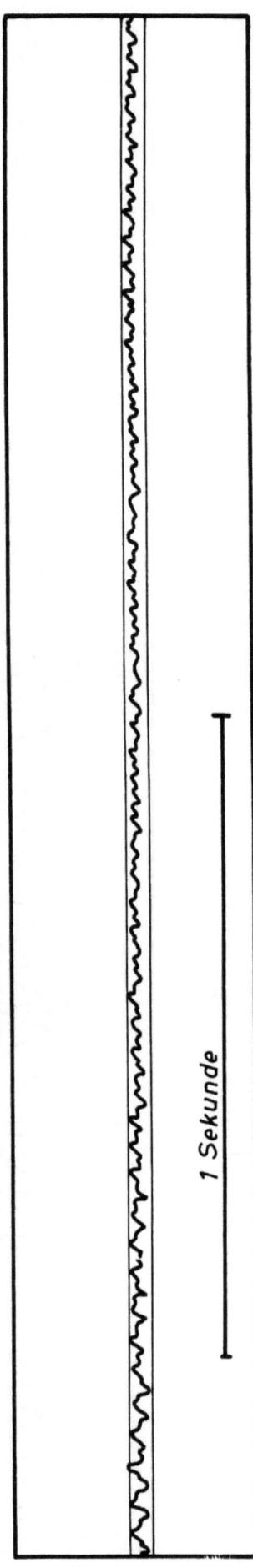

Bestimmung der Eigenschwingungszahlen (Fortsetzung)
Papiergeschwindigkeit 100 mm/s

1 Sekunde

Fortsetzung

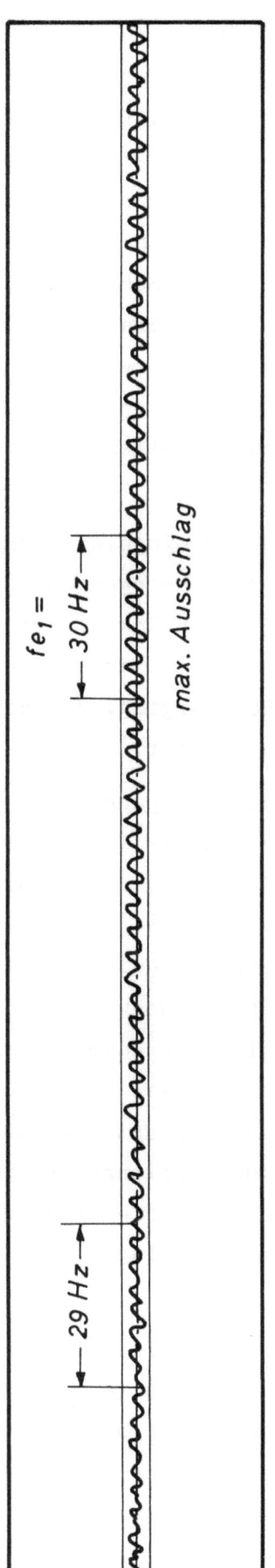
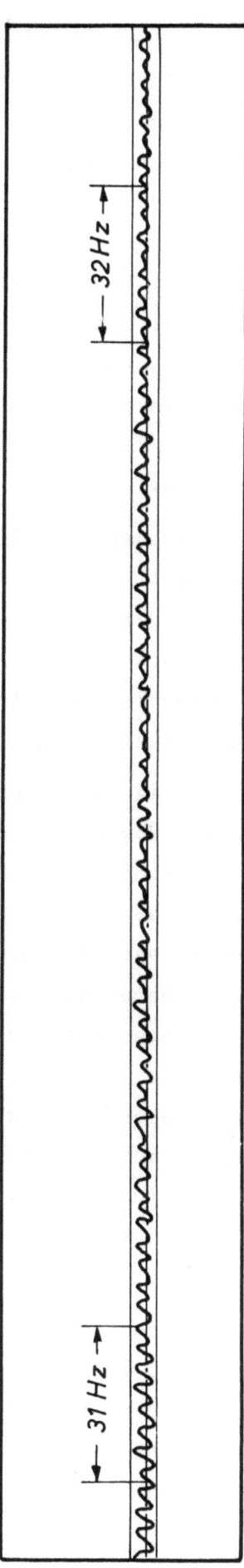

10. Zusammenfassung und Schlußbetrachtung

Im Rahmen der Aufgabenstellung dieser Arbeit wurden die Verhältnisse am fahrenden bzw. gebremsten Fahrzeug untersucht. Das meßtechnische Problem lag in der Messung an vorwiegend rotierenden Teilen mit teilweise großen Umfangsgeschwindigkeiten. Die Lösung der Meßprobleme, die eine große Zahl von Vorversuchen notwendig gemacht hat, wird am Anfang dieser Arbeit ausführlich beschrieben, um evtl. bei ähnlichen Meßaufgaben einen Hinweis geben zu können. Die mit dem vierachsigen Großraum-Straßenbahntriebwagen durchgeführten Untersuchungen beziehen sich vorwiegend auf die Verhältnisse beim Bremsvorgang mit besonderer Berücksichtigung der unter bestimmten ungünstigen Verhältnissen auftretenden Rattererscheinungen des Versuchsfahrzeuges.

Es hat sich ergeben, daß die bei ungünstig eingeleiteten Überbremsungen auftretenden Rattererscheinungen auf Drehschwingungen der in den Gummikupplungen gelagerten Achsen der Radsätze zurückgeführt werden können. Diese Torsionsschwingungen überlagern sich dem durch die Überbremsung hervorgerufenen kombinierten Schlupf-Rollvorgang, der die Voraussetzung für die Entstehung der Rattererscheinungen ist.

Maßgebend für das Zustandekommen solcher Bewegungen ist neben dem Vorhandensein des Überganges der Achsen vom Roll- in den Roll-Schlupfzustand, eine periodische Änderung der Reibungskräfte. Daraus erklärt sich die Tatsache, daß die Rattervorgänge vorwiegend im Bereich der kleineren und mittleren Geschwindigkeiten auftreten, da sich die Reibungskräfte im Bereich der höheren Geschwindigkeiten bei Geschwindigkeitsänderungen auf Grund der geringen Neigung der Reibzahlkurven kaum ändern. Faktoren, die die Haftungserwartungen herabsetzen, lassen die Rattervorgänge kaum in Erscheinung treten, z.B. Regen, Laub. Beeinflußt werden die Schwingungserscheinungen von den verschiedenen Gummikupplungsqualitäten in der Frequenz und Amplitude und zwar vergrößern sich die Frequenzen mit steigender Gummihärte, während die Verdrehungsausschläge in den Gummikupplungen erheblich kleiner werden.

Die Federeigenschaften der verschiedenen Gummikupplungsqualitäten Mg 350, A 560 und Mg 660 wurden in eingebautem Zustand versuchsmäßig bestimmt und die Ergebnisse in Form von Federkennlinien dargestellt. Ferner wurde in Laborversuchen das Verhalten der Gummifedern bei dynamischer Beanspruchung untersucht und die Frequenzabhängigkeit der Federeigenschaften festgestellt.

Faßt man die im Laufe dieser Arbeit gesammelten Erfahrungen und Erkenntnisse zusammen, so kann man neben der Lösung der Probleme der Meßtechnik und der Gummikupplungen die Klärung der Verhältnisse beim Bremsvorgang besonders in Bezug auf den Rattervorgang als dominierend bezeichnen.

Wie bereits ausgeführt wurde, ist der Rattervorgang auf Drehschwingungen der Radsätze zurückzuführen, die unter bestimmten Voraussetzungen bei starker Überbremsung hervorgerufen werden. Angefacht bzw. erhalten wird der Vorgang durch die periodischen Änderungen der Reibungskräfte, die in der Charakteristik der Schienenreibung auf Grund ihrer Geschwindigkeitsabhängigkeit begründet sind. Sie kommen zustande beim Übergang der Achsen vom Roll- in den Rollschlupfzustand, nach Überschreiten der Schlupfschwelle. Daraus ist die Folgerung zu ziehen: Es müssen alle Faktoren, die die Überschreitung der Schlupfschwelle herbeiführen können, beseitigt werden. Das setzt in erster Linie voraus, daß das maximale Reibmoment besonders im Bereich der kleinen und mittleren Geschwindigkeiten vom Trieb- oder Bremsmoment nicht überschritten wird. Diese Bedingung, die bei elektrisch angetriebenen Fahrzeugen eine feinstufige Regelung nötig macht, erfordert, daß der Fahrer den jeweiligen Reibungszustand richtig einschätzt, eine Forderung, die kaum erfüllt werden kann. Bremstechnisch gesehen ist die Furcht vor dem Überschreiten der maximalen Reibzahl bei elektrischer Bremsung unbegründet, da sich, wie schon ausgeführt, der Motor im Gegensatz zu den mechanischen Bremsen dem gegebenen Reibungszustand anpassen kann. Eine Kopplung mit einem zweiten Motor stört die Anpassungsfähigkeit und somit den Übergang vom labilen in den stabilen Zustand. In diesem Zusammenhang sei nochmals auf die Bedeutung der Größe der umlaufenden Massen hingewiesen, denn der Übergang vom Haft- in den Schlupfzustand geht umso langsamer vor sich, je größer die Wucht der umlaufenden Massen ist.

Auf Grund der bei einem Rattervorgang möglichen Anfachung einer erzwungenen Schwingung, der mit den Radsätzen elastisch verspannten Bauteile, ergibt sich ganz allgemein die Forderung: Die möglichen Schwingungssysteme sind so gegeneinander abzustimmen, daß Resonanzerscheinungen mit Sicherheit vermieden werden. Wie bei dem untersuchten Drehgestell eine Verstimmung der Eigenfrequenzen der Schwingungssysteme Radsatz-Gummikupplungen und elastisch gelagerter Motor-Getriebeblock herbeigeführt werden kann, zeigen die folgenden Überlegungen.

Aus der theoretischen Betrachtung und Berechnung des Schwingungsverhaltens des Motor-Getriebeblocks ist der wesentliche Einfluß der Einspannverhältnisse zu ersehen. Dabei hat sich gezeigt, daß bei dem betrachteten System von der Querfedersteifigkeit φ die Eigenfrequenzen und Schwingungsformen des Motor-Getriebeblocks ausschlaggebend beeinflußt werden. Das Schwingungsverhalten des Radsatzes jedoch ist von der Drehfedersteifigkeit $\varkappa$ bzw. c_t abhängig. Bei einer Änderung der Querfedersteifigkeit, aber bei Beibehaltung der Drehfedersteifigkeit der Gummikupplungen, würde also nur die Eigenschwingungszahl des elastisch gelagerten Motor-Getriebeblocks verändert werden. Durch eine Änderung von $\varkappa$ bei gleichbleibendem φ könnte derselbe Effekt erzielt werden. Hierbei würde sich das Schwingungsverhalten des Radsatzes ändern. Eine andere Möglichkeit der Verstimmung liegt in der konstruktiven Änderung des Motor-Getriebeblocks. In diesem Fall ändern sich seine elastischen Eigenschaften, die im Zusammenwirken mit der elastischen Einspannung das Schwingungsverhalten bestimmen. Bei dem untersuchten System würde eine Versteifung der Hälse der Getriebegehäuse, bzw. ihre konstruktive Änderung, eine Veränderung der Eigenschwingungszahlen bewirken, womit ebenfalls die gestellte Forderung erfüllt wäre.

Im vorliegenden Falle hatte man sich zu dieser letzten Änderung entschlossen; die Getriebehälse wurden anstatt konisch zylindrisch ausgeführt, die Rippen verstärkt und dadurch die Gesamtkonstruktion etwas schwerer ausgeführt. Dies genügte bereits, um eine Resonanz der beiden Schwingungssysteme zu verhindern und die Laufruhe beim Bremsen völlig einwandfrei zu gestalten.

In diesem Zusammenhang sei auf die in dieser Arbeit durchgeführten theoretischen Betrachtungen und Berechnungen der Eigenschwingungen des elastisch gelagerten Motor-Getriebeblocks hingewiesen. Dabei wurden die von Herrn Dr. HOLSTE entwickelten Lösungsmethoden zur Eigenfrequenzbestimmung elastisch gelagerter Balken mit konstanten Trägheitsmomenten in einem kombinierten Verfahren auf den Balken mit veränderlichem Trägheitsmoment ausgedehnt. Die anschließende experimentelle Überprüfung der Rechenergebnisse hat gezeigt, daß die in dieser Arbeit vorgezeichnete Lösungsmethode bei ähnlich gelagerten Problemen zu richtigen Ergebnissen führen kann.

Die Ausführungen haben gezeigt, daß dem bisher wenig beachteten Gebiet der Torsionsschwingungen der Radsätze bei Schienenfahrzeugen nicht genug Aufmerksamkeit geschenkt werden kann. Denn diese Erscheinungen können nicht nur bei dem untersuchten Fahrzeug, sondern auch bei Schienenfahrzeugen anderer Konstruktion auftreten und zwar überall da, wo Achsen mit der mit Torsion verbundenen Verspannung belastet sind und der Haftwert überschritten oder die Haftungserwartung durch irgendwelche Faktoren herabgesetzt wird. Aus den gewonnenen Erkenntnissen ist die Folgerung zu ziehen, daß schon bei dem Entwurf und der Konstruktion von Schienenfahrzeugen diese Fragenkomplexe Berücksichtigung finden müssen, um im besonderen alle Resonanzerscheinungen auszuschalten. Die Resonanzkurven der einzelnen möglichen Schwingungssysteme sind also auf eine gegenseitige günstige Lage hin zu untersuchen. Möge dieser Beitrag also dazu führen, die Aufmerksamkeit auf dieses bisher wenig beachtete Gebiet zu lenken und dazu anregen, es durch weitere Versuche zu klären. Von der Kenntnis der auf diesem Gebiet herrschenden Gesetze kann, wie die Ausführungen gezeigt haben, die technische Entwicklung weitgehend abhängig sein.

                                                Prof.Dr.-Ing.Dr.h.c. Max FINK
                                                Dr.-Ing. Hans GUNTERMANN

Literaturverzeichnis

[1] HELD, Th. — Gedanken über die Weiterentwicklung großraumiger Straßenbahnwagen.
Verkehr und Technik, 4.Jahrg., Heft 8

[2] FINK, Kurt — Grundlagen und Anwendung des Dehnungsmeßstreifens.
Verlag Stahleisen mbH., Düsseldorf

[3] Dehnungsmeßstreifentechnik.
Philips Techn. Bibliothek

[4] Dehnungsmeßstreifen, Theorie und Praxis.
Techn. Mitteilungen der Elektro-Spezial GmbH.

[5] HORTON, Billy M. — Gleitkontakte zur Übertragung kleiner Meßwerte.
The Review of Scientific Instruments, 1949, Nr.12

[6] ROELIG, H. — Die elastischen Eigenschaften von Weichgummi als Grundlage seiner konstruktiven Anwendung.
Z. VDI 1943, Bd.87

[7] GOEBEL, F. — Verhalten von Hülsengummifedern bei zügiger und wechselnder Beanspruchung.
Z. VDI 1941, Bd.85

[8] KOSTEN, C.W. — Berechnung von Federungselementen aus Gummi.
Z. VDI 1942, Bd.86

[9] THUN, A. und K. OESER — Gummigefederte Maschinen.
Z.VDI 1934, Bd.78

[10] KIMMIG, E.G. — Rubber in Compression.
Kautschuk 1942, Bd.18

[11] SCHWEND, F. — Reibung zwischen Rad und Schiene.
El. Bahnen 1953, Heft 3

[12] GÖSSL, N. — Die Hertzsche Fläche zwischen Rad und Schiene bei Zugkraftbeaufschlagung und ihre Auswirkung auf die ausnutzbare Haftung.
ETR 1955, Heft 4

[13] HILLER-RECK — Einführung in die Spurführungsmechanik der Schienenfahrzeuge.
ETR 1953, Folge 2

[14] COLLATZ, L. — Eigenwertprobleme und ihre numerische Behandlung.
Akademische Verlagsgesellschaft Becker & Erler Kom.-Ges., Leipzig 1945

[15] HOHENEMSER, K. und			Dynamik der Stabwerke.
     W. PRAGER				Berlin 1933

[16] JORDAN-GREINER			Mechanische Schwingungen.
					Verlag W. Girardet, Essen 1952

[17] DEN HARTOG, J.P.			Mechanische Schwingungen.
					Springer-Verlag, Berlin 1936

[18] SCHULTZ-GRUNOW, F.			Einführung in die Festigkeitslehre.
					Werner Verlag, Düsseldorf 1949

[19] HOLSTE, W.				Ein Beitrag zur Frequenz- und Schwingungs-
					formberechnung elastisch gelagerter Balken
					und Rahmen - in der Anwendung an Festig-
					keitsfragen eines Autobusses erläutert.
					Dissertation T.H. Aachen, 1956

FORSCHUNGSBERICHTE DES LANDES NORDRHEIN-WESTFALEN

Herausgegeben durch das Kultusministerium

FAHRZEUGBAU · GASMOTOREN

HEFT 54
Prof. Dr.-Ing. F. A. F. Schmidt, Aachen
Schaffung von Grundlagen für die Erhöhung der spez. Leistung und Herabsetzung des spez. Brennstoffverbrauches bei Ottomotoren mit Teilbericht über Arbeiten an einem neuen Einspritzverfahren
1954, 34 Seiten, 15 Abb., DM 7,40

HEFT 57
Prof. Dr.-Ing. F. A. F. Schmidt, Aachen
Untersuchungen zur Erforschung des Einflusses des chemischen Aufbaues des Kraftstoffes auf sein Verhalten im Motor und in Brennkammern von Gasturbinen
1954, 70 Seiten, 32 Abb., DM 14,60

HEFT 71
Prof. Dr.-Ing. K. Leist, Aachen
Kleingasturbinen, insbesondere zum Fahrzeugantrieb
1954, 114 Seiten, 85 Abb., DM 22,—

HEFT 147
Dr.-Ing. W. Rudisch, Unna
Untersuchung einer drehelastischen Elektromagnet-Synchronkupplung
1955, 82 Seiten, 65 Abb., DM 17,70

HEFT 165
Dr.-Ing. W. Wilhelm, Aachen
Instationäre Gasströmung im Auspuffsystem eines Zweitaktmotors
1955, 62 Seiten, 31 Abb., 8 Tabellen, DM 13,60

HEFT 241
Prof. Dr.-Ing. K. Leist und Dipl.-Ing. M. Pötke, Aachen
Leistungsversuche an einem Kühlluftgebläse
1956, 58 Seiten, 13 Abb., DM 11,70

HEFT 242
Prof. Dr.-Ing. K. Leist und Dipl.-Ing. K. Graf, Aachen
Straßenfahrzeuge mit Gasturbinenantrieb
1956, 82 Seiten, 63 Abb., DM 17,20

HEFT 243
Prof. Dr.-Ing. K. Leist und Dipl.-Ing. S. Förster, Aachen
Die französische Kleingasturbine Artouste — 1. Teil
1956, 80 Seiten, 41 Abb., DM 15,85

HEFT 184
Dr.-Ing. E. Printz, Kettwig
Vollhydraulische Parallel-Kupplung für Ackerschlepper
1955, 32 Seiten, 4 Abb., DM 7,80

HEFT 239
Prof. Dr.-Ing. K. Leist, Aachen, Dipl.-Ing. H. Scheele, Aachen und Dipl.-Ing. F. H. Flottmann, Herne
Versuche an einem neuartigen luftgekühlten Hochleistungs-Kolbenkompressor
1956, 60 Seiten, 19 Abb., 7 Tabellen, DM 14,40

HEFT 240
Prof. Dr.-Ing. K. Leist und Dipl.-Ing. H. Scheele, Aachen
Temperaturmessungen an einem einstufigen luftgekühlten 4-Zylinder-Kolbenkompressor mit Kühlgebläse
1956, 74 Seiten, 36 Abb., 9 Tabellen, DM 14,80

HEFT 326
Prof. Dr.-Ing. E. Essers, Dr.-Ing. J. Essers und Dipl.-Ing. J. Klein, Aachen
Deichselkräfte an Lastzügen
1957, 96 Seiten, 34 Abb., DM 22,10

HEFT 422
Prof. Dr.-Ing. K. Leist und Dipl.-Ing. W. Dettmering, Aachen
Prüfstände zur Messung der Druckverteilung an rotierenden Schaufeln
1958, 84 Seiten, 61 Abb., 2 Tabellen, DM 25,80

HEFT 424
Prof. Dr.-Ing. K. Leist und Dipl.-Ing. J. Weber, Aachen
Spannungsoptische Untersuchungen von rotierenden Scheiben mit exzentrischen Bohrungen
1958, 60 Seiten, 80 Abb., 7 Tabellen, DM 22,65

HEFT 427
Dr.-Ing. J. Endres, München
Kinematische Untersuchung eines Zweitakt-Hochleistungs-Dieseltriebwerks mit achsparallelen Zylindern und gegenläufigen Kolben
1958, 46 Seiten, 15 Abb., DM 11,55

HEFT 428
Dr.-Ing. J. Endres, München
Untersuchungen der Beschleunigungsverhältnisse eines Zweitakt-Hochleistungs-Dieseltriebwerks mit achsparallelen Zylindern und gegenläufigen Kolben
1958, 46 Seiten, 7 Abb., DM 20,—

HEFT 444
Dr.-Ing. W. Wilhelm, Aachen
Einfluß der Saugrohrabmessung, der Einlaßsteuerlage und der Größe des Kurbelkastenvolumens auf den Ladungswechsel eines Einzylinder-Zweitakt-Dieselmotors
1958, 36 Seiten Text und 22 Abb., z. T. auf großformatigen Falttafeln, DM 22,40

HEFT 449
Priv.-Doz. Oberbaurat Dr.-Ing. W. Meyer zur Capellen und Mitarbeiter, Aachen
Bewegungsverhältnisse an der geschränkten Schubkurbel
1958, 134 Seiten, 47 Abb., DM 35,95

HEFT 588
Dr.-Ing. W. Wilhelm, Aachen
Untersuchungen über den Einfluß der Auspuffrohrabmessungen auf den Ladungswechsel einer Einzylinder-Zweitakt-Vergasermaschine mit Kurbelkastenspülung
1958, 58 Seiten, 17 Abb., DM 18,40

HEFT 598
Prof. Dr.-Ing. F. A. F. Schmidt, Aachen
Hydrodynamische und mechanische Gesetzmäßigkeit eines nach dem Scheibenverteilerprinzip arbeitenden Einspritzsystems für Ottomotore
1959, 74 Seiten, 40 Abb. und Tabellen, DM 20,40

HEFT 635
Dr.-Ing. D. Dieckmann, Dortmund
Die Minderung der Schwingungsbelastung des Menschen in Kraftfahrzeugen
1958, 24 Seiten, 8 Abb., 1 Tabelle, DM 7,90

HEFT 889
Dipl.-Ing. W. Hufschmidt, Aachen
Die Eigenschaften von Rippenrohrluftkühlern im Arbeitsbereich der Klimaanlagen

HEFT 902
Prof. Dr.-Ing. Dr. h. c. M. Fink und Dr.-Ing. H. Guntermann
Klärung der Verhältnisse beim Bremsvorgang unter besonderer Berücksichtigung der Rattererscheinungen an vierachsigen Großraum-Triebwagen

---

Ein Gesamtverzeichnis der Forschungsberichte, die folgende Gebiete umfassen, kann bei Bedarf vom Verlag angefordert werden:

Acetylen / Schweißtechnik – Arbeitspsychologie und -wissenschaft – Bau / Steine / Erden – Bergbau – Biologie – Chemie – Eisenverarbeitende Industrie – Elektrotechnik / Optik – Fahrzeugbau / Gasmotoren – Farbe / Papier / Photographie – Fertigung – Gaswirtschaft – Hüttenwesen / Werkstoffkunde – Luftfahrt / Flugwissenschaften – Maschinenbau – Medizin / Pharmakologie / Physiologie – NE-Metalle – Physik – Schall / Ultraschall – Schiffahrt – Textiltechnik / Faserforschung / Wäschereiforschung – Turbinen – Verkehr – Wirtschaftswissenschaften.

If you have any concerns about our products,
you can contact us on
ProductSafety@springernature.com

In case Publisher is established outside the EU,
the EU authorized representative is:
**Springer Nature Customer Service Center GmbH
Europaplatz 3, 69115 Heidelberg, Germany**

Printed by Libri Plureos GmbH
in Hamburg, Germany